[日] 铃木真 / 著
[日] 来来猫大和 / 插画
谢鹰 / 译

猫咪咨询室：解忧喵医生驾到！

机械工业出版社
CHINA MACHINE PRESS

发 行 人　青柳昌行
编　　辑　Hobby 书籍编辑部
主　　编　藤田明子
责任编辑　清水速登 / 玉井咲
装　　帧　木庭贵信 + 角仓织音（Octave）
协　　助　株式会社 Media Magic/ 海田恭子

北京市版权局著作权合同登记　图字：01–2019–4521 号。

图书在版编目（CIP）数据

猫咪咨询室. 解忧喵医生驾到！/（日）铃木真著；谢鹰译. — 北京：机械工业出版社，2021.1
ISBN 978–7–111–67074–2

Ⅰ. ①猫…　Ⅱ. ①铃…　②谢…　Ⅲ. ①猫 – 驯养　Ⅳ. ①S829.3

中国版本图书馆CIP数据核字（2020）第251435号

机械工业出版社（北京市百万庄大街22号　邮政编码100037）
策划编辑：于翠翠　　　责任编辑：于翠翠
责任校对：梁　倩　　　责任印制：李　昂
北京汇林印务有限公司印刷

2021年6月第1版第1次印刷
148mm × 210mm · 4.75印张 · 81千字
标准书号：ISBN 978–7–111–67074–2
定价：39.80元

电话服务　　　　　　　　　网络服务
客服电话：010–88361066　　机　工　官　网：www. cmpbook. com
　　　　　010–88379833　　机　工　官　博：weibo. com/cmp1952
　　　　　010–68326294　　金　书　网：www. golden–book. com
封底无防伪标均为盗版　　机工教育服务网：www. cmpedu. com

前言 猫是种什么样的动物?

猫不是东西，是行为对象。

文化成熟时，消费对象似乎会从东西变为行为，养猫成为习惯或许说明了国家的文化水平之高。江户时代的日本，猫的数量也曾急剧增加，猫也可能是天下太平的标志？有数据表明，最近在日本 20~30 岁养猫人群的人数，与昭和时代相比有所下降，大概说明如今的年轻人比较缺少空闲时间吧。曾经还有一项有趣的统计数据，养猫人数最多的十个国家，与财富拥有量最多的十个国家基本对应。而猫数量多，财富拥有量少的好像只有乌克兰和巴西。猫似乎与金钱没什么关系，可说不定存在着什么隐藏的意义呢？

因此在本书中，与新的关于猫的提问“战斗”的同时，我也用心体会猫这种动物的奥妙之处，并对此心怀感恩。

目录

哈哈
哈哈哈
欢迎来我家~

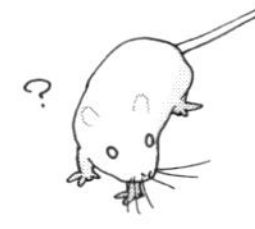

聊身体！

“猫流泪的原因”
“体味明显时应注意的方面”，
关于猫“身体”的疑惑和提问，
猫医生将进行犀利的回答！

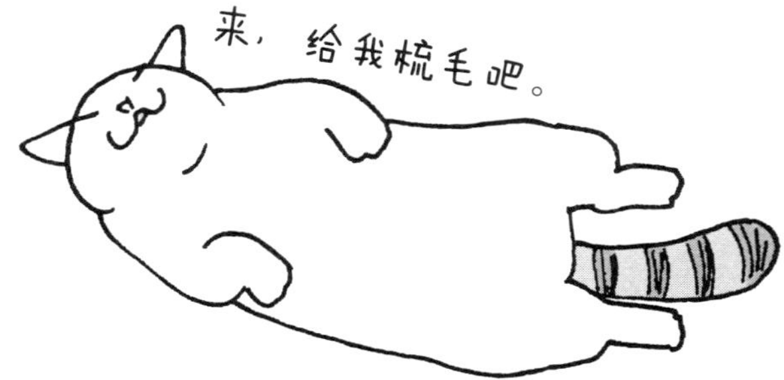

猫双胞胎有相同花纹的概率高吗？另外，性格会相似吗？

在克隆猫的照片中，花纹就不一样呢。

关于蓝色（灰色）的猫，只要父母都是蓝色，那么它肯定也是蓝色，但是白虎斑这类花纹的猫，双胞胎也绝不会长出同样的花纹。猫的毛色取决于色素细胞，从胚胎时期开始，成黑[色]素细胞（Melanoblast）就是随机发展的。因此不可能有两种相同花纹的猫。黑猫虽然一目了然，但有时肚子上也会留下一点白色的毛。这是因为成黑[色]素细胞产生于后背，由此扩展至腹部，如果扩展速度缓慢，腹部似乎就会留下白色的毛。

同一胎的狗性格往往相似，但猫的话，即使是同一胎也经常性格迥异。如果性格十分相似，或许它们是同卵双胞胎。不过，与人类一样，猫的性格也会随着环境变化出现差异。而且猫的性格千差万别，感觉它们各不相同。人类本来也各不相同，但有些人之所以没有了个性，可能是被某些现象固化了思维。

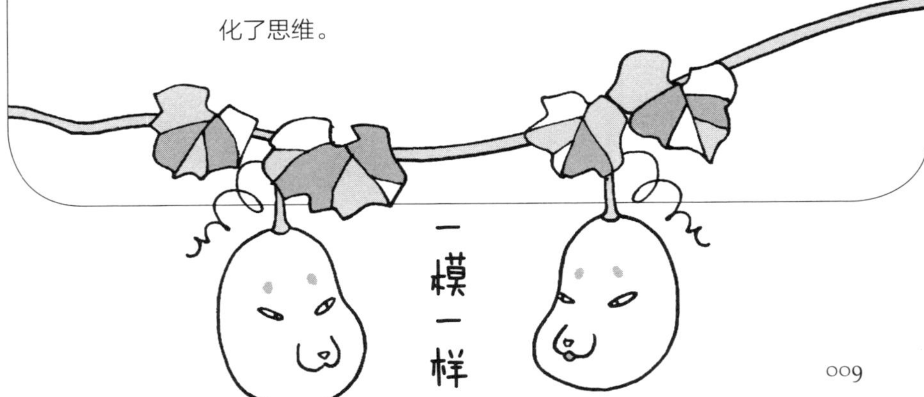

假如身边有幼猫的话，即便是没有生育经验的绝育雌猫，也会给它们哺乳吗？

基本上不会照顾陌生的幼猫。

就连生育过的雌猫，有时也会若无其事地抛弃生病的亲生幼崽。不过在极少数情况下，也会有无法生育的绝育雌猫在看到幼猫后，分泌出乳汁。催乳的激素是大脑分泌的“催乳素”，并非来自子宫或卵巢。没错，在某种刺激下，猫自己就会有种生育过的错觉。

基本来说，哺乳类动物只要不生育，就不会分泌乳汁。有人以为奶牛能一直分泌乳汁，可实际上不生小牛的奶牛就没办法挤奶，而且奶牛只能在一定时间内产奶，并不会一直分泌乳汁。从前，人类中也存在着乳母，不像现在有贩售的牛奶，幼儿需要他人提供母乳。她们自然是生完孩子的女性，当时新生儿的死亡率也高，原因之一大概是不能够找到愿意代替生母哺乳的女性。猫的人工哺乳也发展了起来，即使不找乳母，现在也能靠奶瓶和耐心来抚育幼猫。

我偶尔会给自家猫提供对牙齿好的食物和磨牙棒，它却不怎么啃咬。我担心它是不是消化不好，实际情况是怎样的呢？

猫没有用于咀嚼的牙齿。

猫是一种会把咬断的食物完整吞咽的动物，所以不用担心消化问题！而让我疑惑的是，您是如何判断食物对猫牙齿有益的呢？假如想避免产生牙结石，办法就只有除菌。要消除猫牙齿上的黑斑，通常采用人类的口腔卫生用品来做物理消除。最近还有人会用酒精类的药品来除去猫牙齿上生物膜（可形成牙结石），可是猫不会漱口，也不能用酒精，所以这个方法是行不通的。套在人手指上的猫牙刷也许可以用，但出现过主人被猫咬伤的案例，从此以后我便不再推荐。

另外，比如猫的牙龈炎等，有很多问题无法单靠口腔卫生来解决，要解决就必须深入到免疫问题上。即使猫粮中含有特定的成分，猫也依然会出现健康问题，毕竟不同的厂商对猫粮成分所下的功夫也不同。希望您能记住，猫的口腔卫生是个很麻烦的问题，实际上比起消化方面，这方面令人不解的东西才更多，也更复杂。

我家的猫前牙很小，而且只剩下一颗了，它吃东西好像很困难。这样的猫多吗？另外，请告诉我导致猫牙龈炎的原因吧。

几乎不会影响到进食功能。

门牙（即前牙）的用途原本是为了拔掉猎物的毛，吃现成食物的家猫大多不会用到。猫上下共计 12 颗牙，我感觉牙齿全在的猫更为长寿。尽管不清楚是因为长寿牙齿才比较坚固，还是牙齿坚固使得猫长寿，但二者间的确存在着因果关系。

之所以会形成牙龈炎，不仅是因为口腔内的卫生问题，我感觉还与免疫系统有着很深的关系。猫身体差或许也与牙齿松动有一定的关系。不幸的是，猫的口腔内存在病原性细菌，所以被猫咬之后伤口会化脓。不过不仅是猫，狗和人类的口腔里也有很多杂菌，所以大概都一样吧。因为人类不怎么咬人，容易产生自己不同于动物的错觉。

在猫口腔里面，与坏细菌的攻防战永不停息，身体的抵抗力一旦败下阵来，就会出现牙龈炎或口炎。所以不仅要努力预防牙结石，注重饮食和环境以维持猫的抵抗力也非常重要。

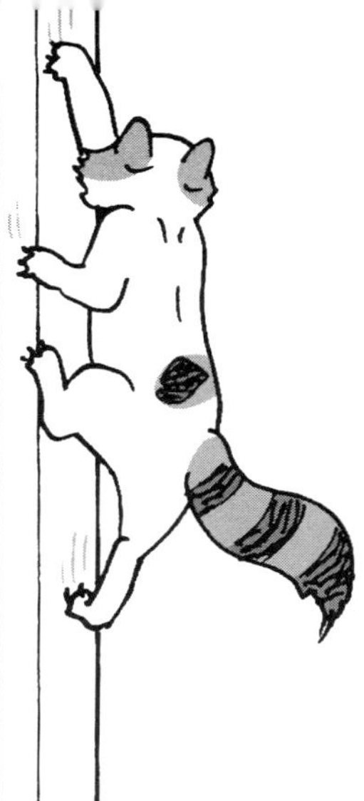

我家新来的猫总是喜欢爬柱子。看到它这一举动后，原有的猫也模仿了起来，却以失败告终。幼猫时期没有经历过的事情都很难做到吗？

这是与生俱来的运动能力。

我学生时代也下过决心，如果 10 秒内能跑完 100 米，就去踢足球谋生。我家也有运动神经差到极点的猫。最惨的是三花猫樱桃，连逗猫玩具都玩不好，最后只能选择视而不见了。然而同为三花猫的基努却能一击打落放在 180 厘米高处的玩具，还都不用助跑。两只猫都没有在室外生活的经验，且是毛色相似的雌猫，可能力差别也太大了。

猫还有一些自己偶然发现的玩耍方式。比如故意爬纱窗、打开抽屉钻进去，找到好玩的东西。猫玩耍的方式各不相同，且只会对自己喜欢的事物感兴趣。但有时，看到其他猫的举动时，也会想学习。我家也有只喜欢模仿的猫，它叫葫芦干，不知是出于独占欲还是羡慕其他猫，从玩耍到睡觉的地点，它全都在模仿别的猫。

我将 7 岁的虎斑雄猫从它的前主人那里领养过来时，它就已经是肥胖体型了。喂的是它常去的医院指定的猫粮，可过了一年它也没瘦下来，体重还是 10 千克。我应该更换猫粮，还是带它去其他医院呢?

虽然也要看身体长度，但体重超过 10 千克应该还是有点问题的。

帮助高龄猫减肥时，勉强行事会伤害猫身体，所以得特别注意。去其他医院看病的话，由于兽医不知道猫此前的情况，所以还是推荐您找先前的主治医师。最近流行找不同的兽医商量，以获取“多方意见”，但兽医的心声其实是：不知道过程的话，便难以下手。

如果限制猫摄取的热量仍无法使其减肥，也许可以考虑更换猫粮。过去有很多单纯含有大量食物纤维的低热量食物，但如今有重新调整过的营养均衡的新型食物上市，希望您能试一试。还有一种情况是内分泌失调导致的肥胖问题。甲状腺、肾上腺等激素分泌异常也会导致肥胖。血液检查或许有点贵，但检查一次就能清楚原因。饮食疗法不见成效的话，说明猫也许不是普通的肥胖，可能是这类特殊情况。再找主治医师商量一下有没有其他的办法吧。

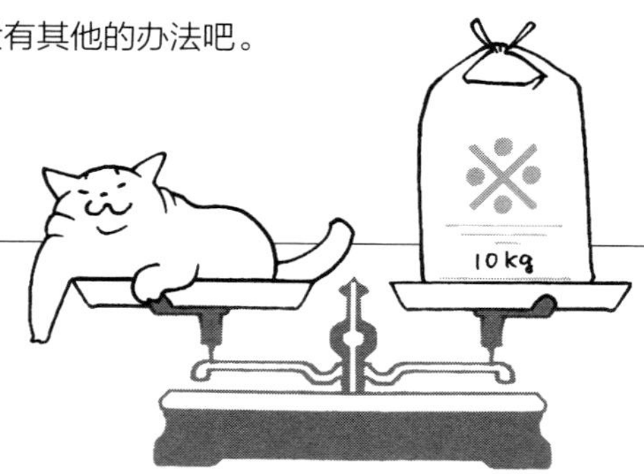

不知是不是因为最近更换了猫粮，2 岁大的雄猫没有体味了。原本做绝育手术后，它身上的体味有所减轻，不过体味消失是件好事吗?

猫和狗不同，体味应该不会太重……

在做绝育手术前，雄猫身上会有浓烈的气味。这是尿道球腺分泌物发出的气味，也是猫喷尿时排出体外的尿液气味。我个人将它形容为酸酸的气味，但也有主人全然没放在心上，气味真是神奇呀。不过，没有了睾丸后，这种气味也会慢慢减弱，您给猫换食可能刚好碰上了这个时间点。

猫的体味是从趾间、尾巴的背侧、额头的左右侧散发出来的，但应该不容易闻到。由于猫身体上没有直接产生气味的腺体，所以不洗澡也不会出现体臭。有一点需要注意的是，如果感觉猫身上有臭味，可能是猫舔毛时，在上面留下了口腔里的气味。希望您能记住，当肾功能或肝功能下降时，口腔内会出现独特的气味。我个人最近感觉狗的体臭有些刺鼻，今后可能没办法养狗了。好可惜……

我看到在用 GPS（全球定位系统）调查家猫夜间移动距离的实验中，结果显示猫移动的最长距离在 5 千米以上。猫也有归巢的本能吗?

真是荒谬的数据!

实验期间要是猫遭遇车祸了呢？要是猫进别人家闯祸了呢？估计这是国外的数据，但令人悲哀的是，如今的时代竟能漠然地公开这种数据。

无论在今天还是过去，人类的药物研究成果等都是牺牲了众多动物的生命换来的。但在现代，对实验动物也开始重视 3R㊀了。当然，以兴趣为出发点的实验简直荒谬绝伦，叫人无法容忍。拍摄室外猫的电视节目、流浪猫的写真集等，都令我怀疑制作者的道德和良心。

前面啰唆了些。据说“归巢本能”是因为大脑里有“磁石”——磁小体，鸽子能从几百千米之外回来，好像就是因为这个“磁石”。我家的李子，以前从前主人新家跑回了 4 千米之外的旧家，在发生各种事情后我收养了它。李子能穿越车辆众多的名古屋，平安归来，简直是只奇迹之猫。人类也有归巢本能，可如果继续依赖 GPS 生活的话，恐怕这种本能会慢慢退化吧……

㊀ Replacement（代替方法）、Reduction（削减数量）、Refinement（减轻痛苦）。

我家有暹罗花纹的猫，毛色年年都在变深。与同胞猫相比，它是较晚长成暹罗花纹的。毛色是因为什么原因出现了变化呢？出生一年时，它肝脏检查项目的数值有点问题，与这有关系吗？

暹罗长相的猫和暹罗猫略有不同，需要注意。

暹罗猫刚出生时为纯白色，体毛慢慢从身体前端开始有了不同颜色。暹罗猫毛的颜色有四种：巧克力色、海豹重点色、蓝色、淡紫色。其他毛色的暹罗猫都被称为重点色短毛猫。关于非纯种的暹罗长相的猫，随着成长，它们的毛色渐渐变化的情况也经常发生，无法一言概之。

肝脏检查项目的数值是指哪个数值？实际上，据说 GOT（谷草转氨酶）和 GPT（谷丙转氨酶）（又称 AST 和 ALT）与猫的肝脏状态并不相关。我查了下资料，但都是 20 世纪 80 年代的，用尽各种方法都找不到相关记录。较新的资料中包含了“不能光看这一数值”的警告，但宠物医院依然频繁地对此进行检查。仅靠“肝脏检查项目数值”还无法确定猫肝脏的健康状态，请您见谅。只要猫的整体状态良好，也不用在意毛色的深浅，但是得留心毛的光泽度。

我养的猫讨厌我给它侧面和腹部梳毛。要解决猫吐毛球、便秘的问题，应该梳遍它全身的毛吗?

给猫用的梳子请用橡胶的。

然而，就像我平时常说的“东西总是从好的开始消失”，英国生产的橡胶梳终于因为橡胶价格的高涨而停产了。如果，有从事橡胶制造业的人看了这个问答，恳请各位投入生产。新闻中引发热议的“爷爷的方格子笔记本”之所以能上市，是因为孙子的推特信息得到了转发。而我没有孙子，且被传播开来的只有坏话……可这是个迫在眉睫的问题，如果谁在印度尼西亚等地有熟人，并且能帮我转达这一消息，那真是感激不尽。

回到正题，猫背部和腹部最好都去除多余的毛。有很多猫讨厌被触碰腋下和大腿根部。要改善这点，只能靠耐心。开始每天触碰猫的肚子吧，直到猫投降为止！什么力度猫才不讨厌？按哪里猫才会老实？不要跟猫搭话，这只能靠自己默默地尝试。这种力道难以用言语说明，只能说是靠经验了。

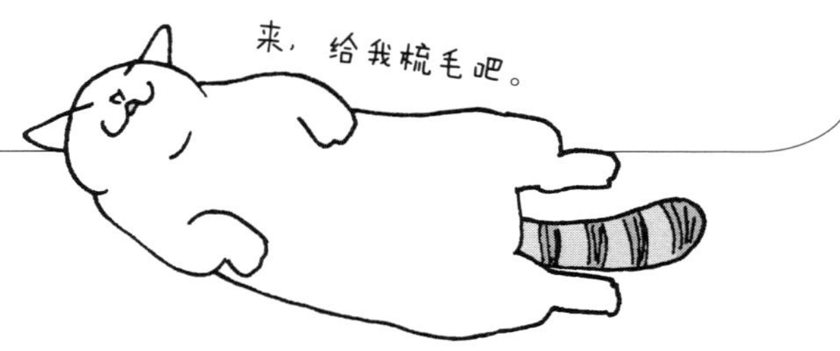

7 岁大的猫嘴巴很臭，不是生活垃圾的那种气味。它没有牙垢，我也没有发现它口腔异常。它的眼泪和鼻水本来就多，所以眼睛和鼻子都在用药。应该带它去别的医院看看吗?

气味的酸味是不是有点大?

如果口腔里有生活垃圾的味道，可能是从消化器官涌上来的内脏气味。从症状来看，是不是像从鼻窦发出的脓臭气味？假如是从鼻腔发出的气味，应该是细菌繁殖造成的，可能是因为没有用对药。

猫的鼻孔很小，给鼻子滴药也难见成效。条件允许的话，不如试试用水蒸气来给药的雾化器，去找那位医生商量一下吧。

猫有很多这类慢性病的症状。所以有的主人会接连更换医院，他们认为去多家医院会得到更准确的诊断结果和更好的治疗效果，但实际上并不会。使用新药虽能暂时使症状有所改善，可最重要的是观察过程，第一眼所能看出的信息太少了。所以不妨再向那位医生提议一次吧。日本有专心投入临床工作的兽医，他们没有花钱在网络和广告上，很值得信赖。希望您成为一名能够看穿本质的主人。

艺人等的“可爱”标准似乎因人而异，但认为猫可爱的想法却各国相同。这个问题可能有些哲学性，您觉得猫的什么地方可爱呢?

可爱、喜欢的情感都是从“眼神相逢”开始的。

无论是马、牛还是兔子，食草动物的眼睛都是长在头部左右两侧。而食肉动物狗、猫的眼睛长在正面，因此容易与人类的眼睛对视。猫的虹膜十分醒目，人类很容易产生被猫注视的感觉。或许这就是世界上有很多猫迷的原因?相反的是，询问厌猫之人不喜欢猫的原因时，答案很多竟是“讨厌猫的眼睛”。猫或许给他们留下了不好的第一印象，但另一方面也说明了猫的眼睛就是如此的令人印象深刻。年轻女性戴美瞳是想让自己的眼睛看起来更大一些，可能是因为她们本能地了解让自己更可爱的方法。

本院的工作人员中有位喜欢丑男的女性，她会大赞长相奇怪的猫可爱，看法总是和我相左。是的，“可爱”不是什么哲学问题，纯粹属于个人喜好问题。我觉得与猫共同生活不需要衡量“可爱”的标准，因为自家的猫肯定最可爱啊！猫是心意相通的、共同生存的同志！我这样说会不会夸张了点?

在网上搜猫的图片时，发现很多和我家猫长相一模一样的。检查DNA的话，有没有可能其中的50%都是兄弟或亲子呢?

猫有DNA的鉴定服务。

您要是好奇的话，不如去鉴定一下？不过，就算“长得像”，我也很怀疑它们是否有血缘关系。而且“长得像”的评价本身就因人而异。他人说“和我家猫长得一模一样”的照片，实际上往往长得不像。见的猫足够多的话，基本上就能感觉到个体间的差别了。

不过，最近我会在数码产品上保存照片，经常遇到同一个体变换角度后就分不出来的情况。人类的照片也一样，从前只会留下拍得最好看的照片，现在却存下随心拍的照片，角度不同时，经常会疑惑“这是谁？”图片是平面信息，要评价像不像，最好以现实的立体形象为准。

以前也常有人说我长得像木村拓哉。我本人觉得“哪里像了？”但这确实是真的。而我个人认为和我长得像的，是一位叫陈道明的中国演员。本系列图书也被引进到了中国的香港和台湾，或许与陈道明长得像的传闻会传播开来？如果世上有三个和自己长得像的人，那我必须再找到一个人才行……

人们常说“宠物会越来越像主人”，您怎么认为呢?

因为离得近，才会看起来像吧。

兄弟姐妹、亲戚长得像是因为基因的关系，即使是没有血缘关系的朋友、夫妻，在他人看来也会觉得像。当然，可能是因为穿衣服的品位相似、化妆效果一样等。不过，近30年来我每天都和猫主人面对面，发现主人的脸未必长得像猫。也有人说自己长得像自家的猫，但这只是因为看惯了镜子里自己的脸和自家的猫后，产生了主观上的同质性。很抱歉，我找不出理想的回答。

以下的话题可能有点跑偏了。我常常听说男性选择某位女性伴侣往往是因为她像自己的母亲，但这也没有可信度。我太太和我母亲就完全不像。相似与否在知识和感性上是不同的。比如在镰仓时代，人们觉得猫和狐狸长得像，将猫误以为是狐狸的同类。西表豹猫（Iriomote Cat，日本特有的豹猫）因和其他豹猫长得不像，所以被认为可能是独立的种类，但解析基因后发现它是豹猫的亚种。觉得像都是主观的，其根据是否正确，研究后就能确定了。

我家的两只猫死了一只。临近祭礼时，剩下的那只猫会边吃饭边流泪。它是在哭泣吗?

猫难过也不会哭的。

我全面地否定关于猫心灵方面的东西。会难过流泪的只有人。因为面部肌肉会随感情变化而紧张，进而挤压泪腺，流出大量泪水。但即使没有感情，为了湿润眼球表面，泪腺也会不停地分泌泪水。海龟产卵时流泪，是为了把体内的废弃物排出体外，绝不是为生育而感动。

猫如果流泪，原因应该在于室内有催泪物质，或有什么类似灰尘的东西，又或者是患上了结膜炎等疾病。我经常听说“我家的猫吃到美味的东西时会喜极而泣”，这也是因为对食物的气味产生了反应，或者是过敏了。

即使搭档去世了，猫也不会感到难过，反而觉得“天下终于是我的了”，您大可不必担心。人难过时，最好是尽情哭泣，把坏情绪都排干净。我在母亲的葬礼上似乎哭干了所有的泪水……

有玩耍时一兴奋眼睛就会斜视的猫吗？猫也会和人类一样，因为眼部疲劳而出现明显的斜视吗？

没有报告说猫有间歇性的外斜视吧？

是内斜视㊀，还是外斜视㊁？由于目光集中时眼球就会偏移，所以外斜视会比较碍事。我查了一下关于猫的资料，结果没有关于斜视的，只有关于眼睑内翻㊂的报告。猫有名叫第三眼睑的瞬膜。瞬膜上露的时候看起来就像斜视，所以有不少主人把这错看成斜视。另外，暹罗猫的斜视不是疾病，而是遗传性的内斜视，就是这种滑稽的脸才讨人喜欢。

不管怎样，我觉得最好不要太放在心上。其理由是猫对视觉的依赖度没有人类高。万一视力下降了，迄今为止的生活空间也足够它们生活。人类通过眼神交流，也许会比较在意斜视的问题，但电视上经常出现的惊为天人的美丽女性中也有斜视的。所以，只要不影响生活，也没什么的吧？！

㊀ 看正面时，单只眼球或两只眼球都斜向内侧，俗称斗鸡眼。

㊁ 与内斜视相反，眼球偏向外侧。

㊂ 俗称倒睫毛。

猫好像有“客体永存性”㊀的认知，那有动物没有吗？譬如被熊袭击时，躲在东西后面可以得救吗？

这是用在人类发育过程中的名词。

先不要说哪种动物“有没有”吧，在了解这种知识前，我觉得分清楚熊与猫的区别才更为重要。熊是经过自然选择的动物，猫（家猫）是人类选择下来的动物，即野生与家养的区别。狗的话，有关于其祖先狼与家畜化的狗之间区别的研究，可遗憾的是，对比非洲野猫与家猫的研究却没什么进展。重要的是，希望大家别弄错的是家猫不是野生的。

回归正题，用人类的行为或认知来对比动物，很容易产生错误的理解。把动物的行为拟人化能让人有熟悉的感觉，因而便于理解。这虽适用于大众读物，却不能用在做学问上。虽然不是威利 · 威廉斯㊁，但如果遭到熊的迎面袭击，也只能硬着头皮把熊打败。遇到野生动物时，注意不要转移视线！逃跑的话八成会被追赶，装死等举动也是十分荒谬的。只能后悔自己闯进了熊的地盘。自然原本就属于它们，绝不可小觑！

㊀ 即使物体被挡住，也能认识到物体仍然存在。

㊁ Willie Williams，大山倍达的徒弟，被誉为弑熊者的空手道武术家。

猫对音乐的喜好有好恶之分吗？我家的猫喜欢宇多田光和生物股长的作品，一放音乐就会叫，在医院偶然给它放音乐时，它会安静下来。

难以判断好恶。

以前，本院播过西塔尔琴（Sitar）这种印度乐器的 CD，不知为何医院里的猫全没了食欲。当时没有注意到这一现象和音乐间的关系，不久后重播那张 CD 时又发生了同样的情况。自那以后，本院都“禁止印度音乐”，而那张 CD 就送给了为猫肥胖而发愁的朋友。据说给牛听古典乐能增加产奶量，在酒的发酵过程中放音乐能让酒更加好喝，所以猫或许有喜欢的音乐，可猫不能用脚打拍子，很难判断它们对所听的音乐是喜欢还是讨厌。

顺便一说，我家的乌冬好像对平克·弗洛伊德乐队（Pink Floyd）的音乐感兴趣。我以为是因为效果音里用到了动物的叫声或什么非常高的声音，可它也会寸步不离地观看罗杰·沃特斯[一]的 DVD，可能真的对音乐产生了共鸣吧……不过猫的兴趣会变得像主人，或许只是受到了“频率”的影响呢。

[一] Roger Waters，英国平克·弗洛伊德乐队的旧成员。猫医生从前不是很喜欢平克·弗洛伊德乐队，但到了最近这个岁数后，终于有点理解了。

据说猫的智力相当于人类 2 岁时的智力，但我感觉可能要高一些。话说这个“人类的多少岁”的年龄，到底是谁规定的，又是如何规定的?

这是发展心理学和认知心理学等学科的问题。

这种说法的起源可能是 19 世纪发售的乔治 · 约翰 · 罗马尼斯（George John Romanes）所著的《动物的智力》（*Animal intelligence*）这一比较偏心理学的书籍。该书与达尔文进化论的提出处于同一时代，后来，关于大脑的研究也开始涉及动物的进化过程。关于动物的智力水平，通常是与心理学家让 · 皮亚杰（Jean Piaget）提出的人类认知发展阶段作比较。可我觉得这种观点的基准是把人类当作高等动物的顶点，可能有很多不自然的地方。所以觉得猫的智力相当于人类 2 岁时的智力这种说法很奇怪，产生这种感想也很自然。

猫也有个体差异，既有会转动门把手打开门的猫，也有进壁橱后就出不来、还一动不动地等待事态发展成寻猫风波的猫。不过，最近关于人工智能和大脑发育方面的研究在疾速发展，未来，用算法来编写大脑活动一事或许将成为可能?

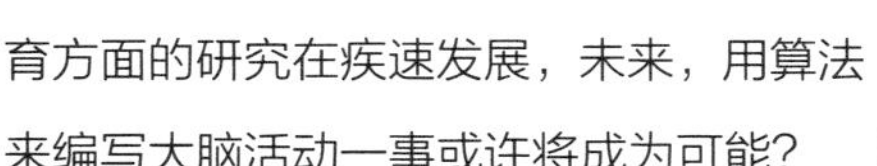

聊习惯！

夜里突然开始叫嚷，

忽然在人面前磨爪子……

猫的行为有什么意义吗？

说不定可以从“习惯”中懂得猫的心情！

我养的猫会飞快地跳上桌子后坐下来。可能因为客人看到后会爱抚它，就养成了习惯。有什么办法能让它别上来呢?

我家也有得意忘形的猫。

医院中有只被大家唤作“皮”的猫，只有休息时间才来办公室玩耍，但药店的员工噶琪一来，它就像事先知道了似的跑到玄关去迎接，在他身边转来转去，撒娇，想让他抚摸自己。我家员工看到这种情形时，会生气地说：“那只臭母猫！”却似乎没办法阻止。猫当然无法理解“椅子可以坐，桌子不可以”的规则。如果它是只性格友好的猫，只要不是吃饭时间上桌子，就这样任由它也没什么不好的吧?

国外有一种传感器，可防止猫爬上危险的厨房台面。猫一爬上去，红外线传感器就会发出蜂鸣声。而在日本，为防止猫闯入庭院，发售了一种用传感器产生超声波的机器。假如实在为猫爬上桌子而苦恼，用这种装置可能也不失为一种方法。不过，猫能听见的“细蚊声”老年人几乎听不见，年轻人却会觉得吵到不行，所以得注意喔!

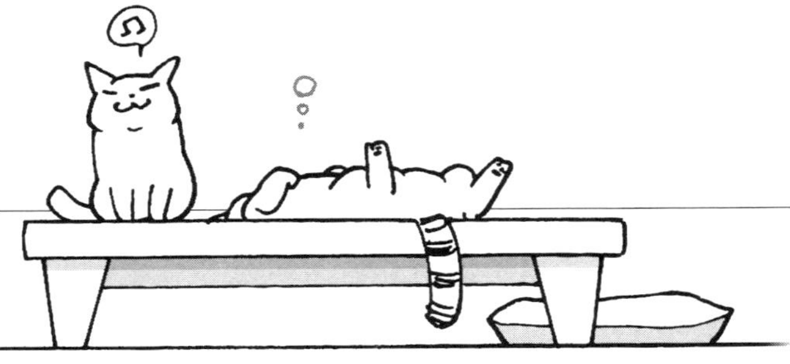

我家 2 岁大的雌猫特别喜欢玩球，不到五分钟就会兴奋起来，浑身颤抖，跑来跑去的。我是不是应该让它少玩点儿呢？

猫里面也有兴奋过头的。

有可能是濒临过度兴奋的边界了。如果像狗一样张嘴进行浅呼吸，可以说症状就相当严重了。或许是感觉过敏，大脑有一点异常。究竟是把这看作疾病还是看作个性，界限有些难以划分，试着确认以下事项吧：

① 带它去医院检查有没有心脏疾病。

② 神经过敏的猫可能缺乏维生素 B1。最近市面上在卖的猫粮富含维生素 B1，但您有没有给猫喂含有破坏维生素 B1 的酶的食物呢？鱿鱼和淡水鱼含有很多这种酶，不能给猫吃。

③ 许多主人都误认为必须让猫玩耍，但每天都玩耍的话，会让猫养成习惯，有时会玩过头。如果是偶尔玩耍，猫的举动也会变得适度，如此足矣。

④ 玩具上面没有葛枣猕猴桃（木天蓼）的气味吧？有的猫会对葛枣猕猴桃产生异常反应，这一点也需要注意。

我家的猫在吃饭时，会发出听起来像“吃饭”的叫声。跳跃失败时的叫声听起来像“哎呀”。您有因为猫的叫声像日语而惊讶过吗?

如果习惯英语的话，听起来可能像“What’s up”呢。

因为听惯了日语，听起来才像“哎呀”。如果列一个猫语幻听排行榜的话，排在前面的估计是“吃饭”“不要”“好困”吧。就连人说话的声音都很容易听错，猫的叫声听起来像说话也就不足为奇了。

以前我按照朋友教的，在中国台湾的饭馆里问店员大姐：“水饺多少钱？”结果我的发音听起来像“睡觉多少钱”，意思很不礼貌，结果遭到了取笑。我又突然想起更久远的事情了，齐柏林飞艇乐队（Led Zeppelin）的《通往天堂的阶梯》（*Stairway to Heaven*）一曲的歌词本上的歌词写着“to be a rock and natural”，但正确歌词是“to be a rock and not to roll”，我的初中朋友为发现这个错误激动了一番。既然专业人士都会弄错，说明语言表达真的很难。更别说猫的叫声能被主人任意解释，或许应该将之定义为主人的自我满足吧。顺便一提，我的“自我满足”是把自家猫迷你拉的叫声听成了“妈妈呀”。

我有只下半身麻痹的雌猫，同居的两只雄猫经常用力地啃咬它的后腿和尾巴。它们知道雌猫的身体不方便吗？如果有制止它们的方法，请提点建议吧。

这个情况有点罕见。

我从没听过其他猫用力啃咬瘫痪猫麻痹部位的情况。一般来说，健全的猫通常会对身体残障的猫“视而不见”，也许这是最温柔的举动了。以前我遇到过这样的窘迫情况，看到身体残障的老婆婆遇到麻烦时，本来准备帮一把的，对方却说：“我自己能行。”有些身体有障碍的人，不愿被人觉得自己有障碍，我深刻体会到了这点。在灾害中受灾的人也是，先不论物资匮乏的情况，其中大概也有人“不希望别人觉得自己悲惨”吧。所以，我认为提供支援的铁则是不要采取施舍的态度。

关于这些猫，由于我不了解详细状况，因此无法一概而论。它们有做绝育手术吗？如果做了绝育手术，情况却依然没有改善，恐怕只能把它们隔离开来了吧。

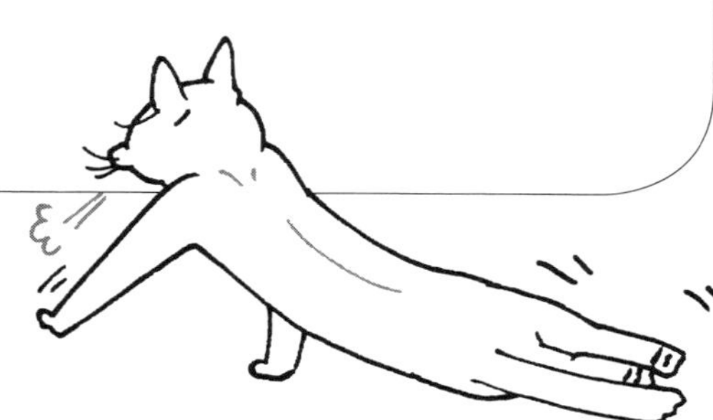

我家 10 个月大的猫，对自己摇动的尾巴观察了一阵后，会探出爪子玩耍。是因为它发现尾巴肆意摇动而觉得好奇吗？有可能是生病了吗？

猫尾巴可有可无。

这是“可有可无”的惯用句。实际上，猫尾巴长短不一，即使受伤后动手术割断，过一阵子猫也就不当回事儿了。只不过，长毛猫等剃掉全身毛时，如果一直剃到尾巴尖上，有时会出现猫咬伤尾梢的情况。所以为防止这一情况，给猫剃毛时会像狮子尾巴一样只留下尾梢的毛。

可能这只猫年纪还小，只是在兴头上，我认为是属于正常范围内的举动，如果玩的时候会伤到自己的尾巴，就算是有问题了。像暹罗猫那样的长鼻子猫，会经常玩自己的尾巴，但也是在理毛时才玩，一般它们都不会在意自己的尾巴。猫尾巴的情感流露不如狗的容易理解，个体间的差异也很大，既有尾巴转圈圈的猫，也有尾巴一动不动的猫。我觉得对比来看也很有趣。

同胞猫中的一只把另一只的胡子给咬断了。被咬断胡子的猫却没有嫌弃。咬胡子的猫3岁半了，不久后会停止这一行为吗？

一般情况下，过一段时间就厌倦了。

相互舔毛的行为被称为他梳理（Allogrooming）。不过，爬行动物之间不会“相互舔毛”，因为它们会相互残杀。拔触须的行为难道也是“同类相噬”？就如猫会吃猫草一样，偶尔也发生拔其他猫的毛、咬断胡子的情况。神奇的是，对方也“听之任之”，我完全搞不懂原因。听说通常是雄猫被雌猫这样对待，而雄猫之间不会这样，但我觉得应该和性别没太大关系。

这类行为大概只能归类为“毛病”吧。“毛病”难以治疗，既然猫不在意主人觉得奇怪的行为，可能也不用去管这种“毛病”吧。毕竟胡子还能长出来的。

10 个月大的猫，夜里睡在冷冷的客厅中的猫塔上。二楼更暖和，我把它带上来，它却总想跑出去。假如我不厌其烦地带它上二楼，它会习惯吗?

猫也分顽固和不顽固的。

就和人类一样。而我是前者，在不同的地方难以入睡。好像年纪越大，就越固执，会觉得适应不同的事物越来越难。我家有只在固定地点睡觉的猫，青箭鱼，不管笼子敞开与否，它都不会离开笼子超过 30 厘米。它缩成一团睡在笼子里时，不知为何其他猫也不会进去。我就把青箭鱼改名成花园鳗[一]了。

才 10 个月大的话，大脑也很年轻，每天重复同样的事情，应该很容易习惯，但要注意的是，您得举止自然地带它去二楼。毕竟被猫看穿“阴谋”的话，一切就泡汤啦。

更简单的方法是在猫睡觉的地方铺上被子。以前听说过，猫似乎会在房间里寻找“好”位置。所以，一起睡在猫躺着的地方或许能提升运气？顺便一提，我不在的时候，我的床铺一直被乌冬所占领，因此我的床铺应该是个“好”地方！

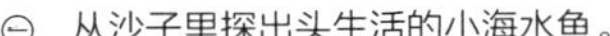

㊀ 从沙子里探出头生活的小海水鱼。

最近，2岁半的雄猫晚上“又喊又叫”的，很是烦人。它原本性格沉稳，不会黏着人，是只自我而安静的猫，可能因为还有另外的猫吧。

做绝育手术了吧？

老猫如果半夜叫，多为甲状腺出问题了，但2岁半的猫应该不是。希望您能带它去检查一下。还有，您说有另外的猫，有多少只呢？数量太多的话，有时会发生这类问题。我强调过很多次了，一户人家最多养五只猫！

猫也有因为焦虑而叫个不停的。比如主人进厕所之后，就会在门外叫。夜行性的猫恐怕没有“害怕夜黑”的感情，所以可能存在着什么让猫焦虑的因素。

猫叫声的分贝不算太高，很少有吵到邻居的情况，若想改善，只能使用镇静剂等药物。本院就在使用三环类抗抑郁药。实际上这种药有过在猫咪表演中被用于处理兴奋情况的黑历史。兴奋的猫服用后就会老实下来。加拿大的大学调查过这种药对猫是否有副作用，最后查明对猫内脏没有负担，于是宠物医院也开始放心使用了。

Q 28

2 岁大的雄猫会一直催我给它更换饮用水。我发觉这已经使它养成了习惯，所以尝试去无视它。它起初死了心，但最近又回到了老样子，如果不更换，就肯定会把水碗打翻。我给它喝的水是经净水器过滤后的水。

回答提问前，先给您个忠告！

水碗里的水最好不要通过净水器净化。大多数净水器都去除了自来水中的盐分，长时间放置的话，会滋生细菌。所以直接喝自来水也许会更安全。

关于喝水方式，猫各有各的癖好。既有只喝水龙头流水的猫，也有把爪子伸到容器里汲水喝的猫。那么，关于您所认为的催促，似乎主人一看到猫要对自己说什么，就觉得自己被催促了。然而这是最大的难题，很多情况下，事情都会顺着误会发展下去。猫看到人的脸后，如果发出叫声，人就贸然地认为猫“一定在说什么”，可有观点认为这是猫在模仿人类开口说话。其中定有什么目的，但很可惜，不亲自问猫就无法明白真相。本问中的情况大概也是在双方的误会下所形成的习惯，希望您能把这种交流当成是与猫生活的乐趣。

看到视频里有的猫和狗感情很好，它们有恋爱的可能吗？不同的物种之间存在恋爱吗？

反正恋爱都是错觉。

所以恋爱在不同的动物间也有可能发生。喜欢谁是没有原因的吧？比起狗我更喜欢猫，这是没有理由的。猫最黏家里的谁，应该也是没有理由的。

不过，动物的恋爱说到底只是以留下后代为目的的性行为的一环节，在于雄性如何回应雌性的发情。泡沫经济的时候，流行过麝香香水。它利用了雌麝分泌的信息素，是一种喷洒后能受异性欢迎的商品。虽然大部分哺乳动物都受信息素控制，但不同的物种间基本上是不会相互起作用的。畑正宪先生的书中有篇随笔写着女性的一种香水可以促使公牛发情，我用猫试了一下，以失败告终。我们将“不同种类的动物生活在一起”称为共生，人类养宠物可能就相当于共生。但是，猫和狗的共生有点不同。毕竟光凭一段视频就说二者“关系融洽”，太容易产生误解了，因此您需要注意啊。

当我下班到家时，我家的猫就会开始磨爪子。为什么呢？

正解是“欢迎来我家”！

也可以解释成“欢迎回来”，但这是站在人类的角度。对猫来说，它们并不关心主人在外面辛苦工作。有个故事是曾经有位文豪把“I love you”翻译成了“月色真美”，但说实话，我不希望人们用文字来解释猫的行为含义。猫磨爪子是为了彰显自己的存在，所以它们会故意在人面前做。如果强行抱起不愿被抱的猫，有时一放下来，它就会开始磨爪子。把这解释为“虽然我忍了那么久，但我还是我！”，这样翻译意思不就对得上了？虽然猫被人用“治愈”来形容，但我个人觉得有点不对劲。因为猫不像人类那样，会随便打搅他人的心情，所以大家错以为猫有“治愈”能力。人类作为主人，照顾猫是天经地义的事，要猫来担心自己就完蛋了。前阵子，我时隔 15 年患上了需要吃退烧药的感冒。看到我家的猫都满脸愁容，我心感不妙，于是重新振作投入到工作中。也许不让猫担心是主人的使命吧。

我捡到出生几周的幼猫后，照顾了它半天的时间，接着当我去看自家养的雌猫时，却遭到了它的威吓。我头一次看到它这样的态度，是嫉妒吗?

猫也分为母性强烈的和不强烈的。

能诱发母性的是一种叫催产素的激素。该激素由大脑的垂体分泌，在我们医院的工作中，也会在猫分娩时用它帮助收缩子宫。在关于人类的研究里，如果把催产素滴入鼻腔，似乎能够产生增加爱心、更容易信任他人的效果。尽管尚处于研究阶段，但国外已经有这种喷雾上市。

说到猫的话，有的案例显示对生育后放弃育儿的个体使用这种激素后，它们会重新开始哺乳行为，但没有对非产后和非育儿期的猫使用过。说不定对本问中的情况有效，增强雌猫的母性，对幼猫施展母爱。但不清楚用法和用量，所以很难实行。也就是说，可能会产生相反的效果。如果研究再略有进展，也许它可以成为一种幸福的激素。届时，只要在战乱地带用它来代替毒气，说不定战争就能消失无踪了?

五只流浪猫兄弟姐妹，将近一年都待在同一个地方。尤其是三只雌猫总是一起行动。流浪猫是因为无法自立才习惯成群结队的吗?

一年有十万只猫被车轧死。

据说没有进行绝育时，猫的活动半径接近 2 千米。当然，既然能移动如此长的距离，就肯定会遇到宽阔的马路，遭遇被碾死（轧死）的可能性也很大。因此，当特定的猫不见踪影时，比起它去了别的地方，更多时候是被当作垃圾给回收了，或者在新的地方有人给它喂食。偶尔也会有多只猫生活在同一地点，可能是因为它们接受了绝育手术，这里有充足的食物，有空房子等地方能作为庇护所。

我说过很多次，没有“野猫（流浪猫）”这一类别，猫属于家畜，应该只有拥有主人的猫，以及能够独立生活的野生猫。有报告表明，被精心饲育的猫平均寿命接近 12 岁，而外面的流浪猫平均寿命仅为 4 岁。因为它们都死在看不见的地方，也许大家并不觉得可怜，但恐怕它们大多都结局悲惨。能不能尽早在安全的地方饲养这些猫呢?

我家猫会捉鼹鼠，所以我经常在院子里看到鼹鼠的尸体，处理起来非常辛苦。真希望我家猫能停止狩猎。

我第一次碰到这种烦恼。

我都几十年没见过鼹鼠了。如果捉的是地面上的鼹鼠，那大概就和捉老鼠一样，但鼹鼠应该不会如此频繁地爬上地面，难道猫掌握了刨洞的能力？因为不怎么清楚，所以我四处查资料，结果在视频网站上看到了猫捉鼹鼠的画面。猫发现土地不自然地隆起时，就会用双爪挖土捕捉鼹鼠！对苦恼于兽害的农家来说，说不定这是个好消息。根据日本农林水产省的报告，鹿、野猪、猴子等动物所造成的农业损失达数亿日元，其中鼹鼠造成的损失也超过了 700 万日元（约 45 万元人民币）。似乎有一种叫驱猴狗的狗专为驱赶猴子而训练，猫说不定也有机会为社会做贡献呢。搞不好可以给猫设驱鼹猫的职位……

我说过无数次猫基本上应该养在室内，但在不离开主人地盘的前提下，家有几公顷地的人也许可以采用我的意见。对于本次提问的回答，我改变了一下视角。

我在电视上看到玻璃工艺品店的招牌猫巧妙地避开商品，行走在架子上。我家的猫一走在架子上，就会把东西全部弄倒。为什么会有这种差别?

有的猫做得到，有的做不到。

猫里面也有粗心大意的，行走时肆无忌惮地弄倒眼前的东西。我家的坎裘和拉裘就是这样。说得好听点，是不为外界所动的“粗猫”，用英语来说，就是一点都不delicacy（敏锐，敏感）！我都不禁怀疑是不是神经没有遍布其身体的每个角落，完全不懂得贴心（我自己也感同身受……）。可能与运动神经有关系，这类猫的特征是下桌子时会发出“咚嗵”的声音。猫原本是走路不出声的动物……在野外的话，这样大声会让猎物逃走，无法存活下去。

在这一点上，荷兰豆非常厉害。它能无声无息地跳上高处，通过乱糟糟的架子时，保持物品纹丝不动。充满肌肉的身体让人觉得它不像只雌猫，它喜欢对着镜子舔舐自己的身体，大概是个十足的自恋狂。不过它有一个缺点，荷兰豆无法容忍任何一扇关闭的门，有个会把门敞开一点的怪癖。虽然它只是把门打开了，但笨手笨脚的猫会闯进去，所以挺麻烦的。很不幸，您家的猫也属于笨手笨脚型，只能投降认输了。

经常听说“猫头儿”这个词，“猫头儿”在猫的社会中扮演着什么样的角色呢？在猫之间的打斗中处于顶点的地位吗？

没有位居高位的猫头儿。

猫的社会等级制度与狗、猴子的不同，找不到位居高位的猫头儿。事实上，被称为头儿的存在很难从表面上看出来。

人们似乎常把个头大的给当成头儿，但单看我家的猫，好像总是聪明的雌猫掌管大局。不过，这个意见顶多基于我的“感觉”，很遗憾，猫的社会中不存在等级制度。但是，说到有猫头儿这件事时，和多只猫生活在一起的人往往会表示赞同。正如“政治的暗处总有女性存在”，猫的社会或许也是如此。

猫与人类的共同点，就是不会光靠打架来决定地位的高低。厉害的猫不会挑起争斗，也不会抢先进食。话虽如此，这只是对绝育后的猫的观察结果，猫在野生状态下会以繁殖行为优先，应该不仅限于此。

我家猫咬人的毛病到了 9 个月大也改不过来。被咬时，我会大声斥责它，可它就是不肯住口。听说医院有可以改善的药物，要如何才能纠正呢?

不能斥责!

希望您能理解的是，猫咬人是出于“好感”。也就是说，咬人是玩耍的延伸，没有攻击色彩。就算对“熊孩子”生气，它也无法理解，所以应该尝试把思维转变 180 度。猫最讨厌的不是被训斥，而是没人理会。人类遭到忽视也会觉得不安吧?因此被咬之后，如果能视而不见，猫也就不会这样做了。当然，肯定会有人回应：“但是很痛啊。”这种时候我都会说：“心静自然凉。”行为学中有个说法叫自然消退，要让对方停止不该做的事情，就只能视而不见。要和猫思想沟通，结果得靠修行……

漫画
猫医生
①
"真想听听铃木医生的童年逸事呀。"
童年时代啊——
嗯……
以前住在东京的时候……
有一天，他带回了一只漂亮的三花猫。

年轻时候的猫医生（想象）

……
怎么了？
……
这只猫。
嗯。
……
我小时候养过三花猫。
嗯，我知道。
所以呢？
过来过来
我要成为“三花猫医生”!!!
哈！
我能行!!!
感觉画风有点不对呀。
是吗？

然而……

似乎从儿时到现在，他对三花猫的爱都未曾改变过。

那是婚后来名古屋，
去他老家收拾东西时发生的事情。
整理照片的他发出了一声怪叫。

哇——

三花猫……？

不是……

竟然……

小学生时候的照片

那不是三花猫！
而是花纹呈八字形的黑白虎斑猫。
——从此。
我不喜欢这个颜色的猫。
哼
——话是这么说。
但为什么每天晚上都要和颜色一样的乌冬睡觉呢？
呼呼～
呼～

聊饮食！

“肉和鱼，应该给猫吃哪种呢？”

“选择餐具的关键是？”

为了和猫一同健康生活，

来问问猫医生关于“饮食”的事情吧！

把煮好的鸡胸肉连着汤汁一同喂给猫时，它会很着迷地舔热腾腾的汤汁。猫怕烫难道是假的吗?

猫是怕烫的哦!

可能汤汁只是冒热气，实际上没有那么烫? 42℃的洗澡水也会冒热气吧? 用奶瓶给幼猫喂奶时，由于手掌对温度不太敏感，我一般让人用手背来确定温度。有点烫的 40℃左右的温度，对幼猫来说正合适。几乎所有的人都会问“不烫吗? ”可能大家都先入为主地以为猫的舌头怕烫吧。超过 70℃的话，猫应该就不愿意吃了。

在日本名古屋称这种温度为“烫唧唧”。点热酒的时候可以说“要烫唧唧的”，稍微低一点的温度则是“唧唧”。女性也是这样用语的，所以我去东京时不小心大声说了“这锅菜有点唧唧啊! ”于是遭人白眼而羞得无地自容。全世界会吃“烫唧唧”食物的可能只有亚洲东部的人们。但我好像不是“猫舌”而是“毒舌”。前阵子，本系列图书中国台湾版的广告上就写着“毒舌猫医生”。虽然我没想过要这样……

听说不能给猫喂含咖啡因的食物，可我家的猫会舔杯里的咖啡和红茶。实际上，咖啡因对猫的危害有多大呢？

我从未见过咖啡中毒的。

体重 4 千克的猫如果喝下 12 杯以上的咖啡，估计会危及性命。然而，我给猫看病 30 多年了，还没见过咖啡中毒等病例。国外文献里有猫食用巧克力中毒的案例，茶与咖啡中也含有“黄嘌呤衍生物”可可碱，吃多了同样会中毒。中毒的含义有两种：一种是大量摄取后，对身体造成了危害；另一种是摄取成瘾。本次涉及的内容是前者。

猫的身体不同于人类和狗，对化学物质的承受能力极差。这是因为猫肝脏的代谢系统不同，也是我这份工作中最困难的地方！理由是关于这方面的猫身体问题能用的药少得可怜。代表性的有害物质是“甲酚”“酒精”“氯霉素”等抗生素，以及咖啡和巧克力中含有的“黄嘌呤衍生物”。这下范围扯大了，变成了“咖啡对猫有害！”主人喝得很香的话，猫也会产生兴趣。不管怎样，注意不要让猫靠近可能有害的食材哦。

我用的是采用了软水化过滤器的循环式供水器，但我很怀疑对猫的健康是否真的有好处。

我曾经尝试过开发猫用供水器。

20 多年前，我家有很多个养鱼的鱼缸，不知为何猫老是喝里面的水，水位下降让我们很是困扰。于是我尝试制作猫专用的供水器。刚好这时，“24 小时浴缸”这种循环式浴缸流行了起来，我认定“就是它了！”然而，这种“24 小时浴缸”的水里面会滋生大量的细菌“军团菌”，且出现了受害者。后来，在超声波加湿器和喷泉里也发现了“军团菌”，引起了巨大的骚乱。结果，我放弃了循环式供水器的开发……现在市面上出售的供水器，似乎还没有相关的事故报告，但存在着保养的问题，所以我不太推荐。

日本的自来水比较卫生，基本上是软水，人和猫直接大口饮用也没有问题，用自来水应该就足够了。比起水的种类，猫更喜欢水的温度。猫喜欢喝鱼缸里的水，也是因为里面有加热器，温度始终维持在 25℃。所以，冬天必须费心思把水略微加热。我家的陶瓷大金鱼缸里装的是加热器处理过的温水。毕竟一点小用心也是体贴嘛。

我家的多只猫中有一只猫每次吃得不多，一天会多次要求我喂食。就算给了很多它也会吃剩，然后被其他猫吃掉。它总是追着我跑，我一不在家它就会大小便失禁。我有满足它的要求，但这样下去行吗?

不行!

一般情况下，如果猫之间关系融洽，猫就不太会对人类撒娇。黏人的猫往往是和其他猫相处不顺。能培养出擅与人类和猫打交道的猫固然理想，但世事总是无法称心如意。我很明白您为猫追着自己而感到“开心”，但其他的猫可能也想撒娇，却一直忍着。所以我建议您尽量公平地去接触其他的猫。

失禁的问题最为麻烦，但如果是因为与其他猫合不来而导致的失禁，您外出时只能把它们隔离开来。退一百步讲，即使现状没有改善，也最好尽可能地减少喂食次数。频繁进食的猫绝不在少数，可对猫来说，空腹时间长一点才有利于健康。言辞犀利的我，主人们经常敬而远之。不过，到最后会有很多主人认为我“言之有理”。所以为了避免后悔，我已经做好了今后一直扮演坏人的心理准备。

关于猫的餐具，听说不会碰到胡须的大碗最为合适，是真的吗？我打算把碗摆在离地面 10 厘米高的位置。

最重要的是保持干净！

早上，有的主人会直接把食物放进用餐的空碗。对此，人们的反应大概分为觉得“难以置信！”和吓一跳。不会次次清洗猫餐具的主人，总是找借口说“因为是干粮”“没办法一起放进洗碗机”等。如今的猫粮大多是以没有这类不讲卫生的主人为前提生产的，因而没有添加抗氧化剂等添加剂。所以，面对“什么样的餐具比较好？”的提问，我会回答：“选择方便清洗的餐具。”

如果再加上一个条件，那就是“较重的餐具”吧。进食过程中要是餐具移动了，猫吃起来会不方便，有些细心的主人会在下面铺上硅胶垫。看到这类情形时，我都会猜测“这个主人应该是个好太太吧”。餐具的形状倒不用太在意。只要没有特殊疾病，也没必要把餐具摆在高处。别嫌我啰唆，但是卫生第一！

经常在电视剧和动画里看到角色给路边的小猫喂牛奶的画面，但这样好像对猫的肠胃不好吧。遇到虚弱的猫时，假如手边没有猫专用的牛奶，喂什么比较好呢?

如果实在弄不到专用奶，就用豆奶吧。

听说豆奶挺管用的。但因为没有论证过，所以我也就没有实践过……我没有看到过这种画面，但为了更了解社会，也许得多看点电视剧和动画。

日本人看到动物后，习惯立刻给它们点吃的或喝的，我认为这就是动物饲养方法始终没有进步的重要原因。从“养动物 = 喂食”发展到“不吃东西 = 可怜”，无法摆脱这种等式，就这样迎来了饲养方法发展的“末日”。其结果，难道不会变成“可怜 = 不再养动物”吗? 一宿一餐的施舍并没有错，但不应该是“养动物 = 喂食”，而是要调整环境，维持动物的生命。请不要忘记：吃东西不等于活着，它只是生活中的一个环节。

听说杂种猫比纯种猫要短寿，而且什么都吃。感觉杂种猫更具野生特质，身体也比较强健。

都是假的！

似乎没有杂种与纯种比较的准确数据，不过室内喂养的猫平均寿命在 12 岁左右（根据统计数据而来，可能有偏差）。而所谓的流浪猫平均寿命为 4 岁左右，其中没有算入新生儿的死亡率，所以实际上应该更短。纯种猫会调查 FIPV（导致猫传染性腹膜炎的冠状病毒）的抗体流行率（Antibody prevalence rate）。挪威森林猫和苏格兰猫的抗体流行率相当高。原本这项检查是为了在猫出生前检测抗体，避免携带病毒的猫进行交配，可遗憾的是，目前并没有起什么作用。

没有人研究不同种类的猫是否有不同的食物偏好，不过有一份关于狗的有意思的数据。这份数据显示可以通过在训练中奖励食物，让狗保留“饭量好 = 优秀”的基因，所以狗似乎不挑食。我想起从前常有人主张“不挑食的人，什么都能做好（无论工作还是学习）”。因为“抱怨”食物的人，也会在工作上找借口……

您偷吃过猫干粮和猫罐头吗？我尝过的，感觉比狗粮的味道还浓。是因为口味喜好的差异吗？

以前经常吃！

但是，最后自己试吃的数据没有任何作用，最近就没吃了。猫喜好的味道和气味难以形容，不过猫粮厂商都各自下了功夫，就交给他们吧。现在便利店的意面和便当，简直好吃到我 30 多年前念书的时候无法相比的。各个公司应该都是从庞大的数据中探索受人们欢迎的口味吧。猫粮也是一样，与从前的相比，现在的猫更爱吃了，尤其是处方粮。关于盐分，不同的制造商解释也不同，但猫粮不会太咸。也有些制造商提升了猫粮的盐分，不过少盐才会避免给猫的肾脏增加负担。

说起来，以前有种谷类早餐被形容为“像宠物粮”，因此被人敬而远之，但现在在美国卖得挺火热的，可能是因为谷类普及了起来吧。最近很少听到关于猫粮的“给猫吃这种东西也太可怜了吧”的意见了。

我的雌猫最近不怎么吃猫粮了，日渐消瘦的样子令我很是担心。然而，它却想吃人类的食物。这和饭量的减少有关系吗?

赶紧去医院检查!

如果猫突然间想吃别的食物，无疑是出现了什么基础疾病。不过，基础检查可能无法完全掌握病情。即使肝功能和肾功能同时下降，血液检查的数值也常常在正常范围内。这两种器官，无法单靠血液检查来判断状态。因此，观察过程最为重要。

另外，猫进入高龄后，有时会呈现出相反的症状。譬如“甲状腺功能亢进症”㊀，猫会出现饮水量增加、活动过度、食欲激增又减退等，特征是吃得多却不断消瘦，常常突然就不吃饭了。没错，本次的咨询内容就是疑似“甲状腺功能亢进症”的典型例子。基本上，疾病咨询无法靠书面内容回复，尽管我收到了很多这样的提问，但大多数案例都没办法回答。可是本次的提问真的是十分常见的案例，我就斗胆回答了一下。毕竟在这一阶段开导人们带宠物去医院就诊也是兽医的工作。

㊀ 俗称甲亢。由于甲状腺的异常活跃，血液中甲状腺激素增加的状态。

12 岁的猫饭量变小，也不吃以前常吃的湿粮了。干粮还是会吃，是因为上年纪了吗?

上颌牙从里开始数的第二颗牙齿还在吗?

不在了，会使得猫难以啃食有很多大块头（固体成分）的罐头粮，干粮也会因为颗粒大而难以食用。但也许不仅是口腔内的问题，假如猫体重下降，马上带它去宠物医院!

在采用不同的统计方式得出的数据中，猫的平均寿命也有很大的差异，最近的兽医调查结果为 11 岁。通过网络等途径调查的结果则高达 14 岁，但可以推测出这些调查集中于长寿猫的主人。平均寿命为 12 岁的话，偏差也很大，对于猫来说属于十足的高寿了，可以说或多或少地出现了高龄带来的问题。猫饮食状况的变化，是对其身体管理的关键点，平时就得多加观察。一旦疏忽，就会变成和本问中相反的情况，猫变得很能吃！得深刻意识到每天一定量的进食才叫正常。

出生后 1 个月的幼猫，原本应该吃猫妈妈吐出来的东西，但没有猫妈妈照顾时，当牙齿长齐后，可以给它吃市面上的断奶食吗?

没听说家养的猫妈妈会吐出东西喂幼猫。

或许是家畜化的原因，猫妈妈对断奶期的幼猫喂食不是很积极。有猫妈妈时，通常在幼猫出生后的 4 周开始断奶即可，目标是体重达到 400 克左右。断奶期最不可掉以轻心，出现问题时，甚至攸关幼猫的性命。

猫妈妈不再照顾幼猫的原因有两个：一个是幼猫长到足够大了；另一个是幼猫发育不顺。如果猫妈妈是在出生后 1 个月时放手，后者的可能性更大。无论如何，都有分开饲养的必要。最近也有品质优良的断奶食出售，因此断奶期的幼猫死亡率显著降低。断奶的时机不宜过早或过晚，最不好的就是操之过急！

以前，有只豹子因为断奶失败而完全没有了食欲，结果花了很多周给它强制喂食。我们把切碎的鸡肉往它嘴里塞。但豹子的幼崽比成猫还要大，力气非常大，我到了这把年纪，恐怕都没力气应付豹子了吧……

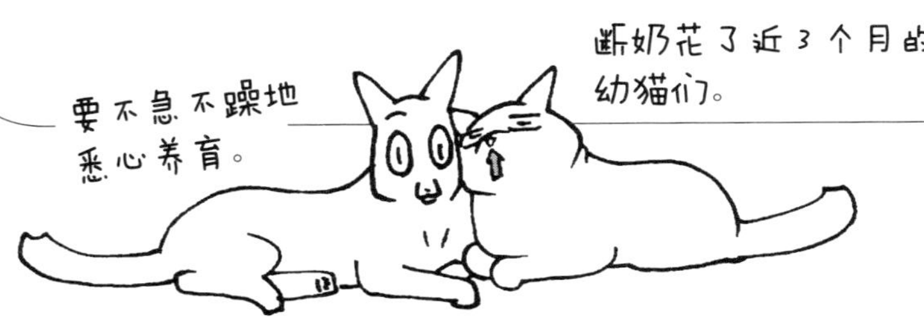

鱼和肉，哪种更利于猫的成长与消化呢？

最关键的是新鲜度，生的状态最容易消化。

调查显示只吃肉的猫容易患上心脏疾病，这是因为牛磺酸摄取不足。鱼类富含牛磺酸，因此在经常给猫喂鱼肉的日本，猫很少患上心脏疾病。相反，日本的猫更容易出现的问题是黄脂病。这是鱼肉中含有的不饱和脂肪酸氧化后，破坏了维生素 E 所引发的疾病。这在鲭鱼、竹荚鱼、金枪鱼中也成了问题。

野生的食肉动物不仅吃肉，也会吃内脏和肠道里的内容物，所以营养还算均衡。比如狮子捉到黑斑羚来吃时，看也不看髂腰肌。而夏多布里昂肉[一]大概都让给了秃鹰和野狗。也就是说，即使提供高级精肉，也无法满足猫的营养需求。

不过您知道一种叫几丁质酶的酶吗？螃蟹的甲壳由几丁质构成，看似无法消化，可是人类和猫都有能力使其分解。因此猫吃了蚱蜢也能消化。由几丁质酶形成的壳聚糖对免疫也有帮助。

㊀ 英文为 Chateaubriand，里脊肉的中央部分。

我有只 8 岁的猫，它的外表和小时候没什么两样，但食物要不要换成高龄版的呢？另外，我让猫随时都能吃到干粮，这样有问题吗？它经常呕吐。

高龄版的食物不一定适合所有的高龄猫。

很多人误以为高龄版的食物热量低，但实际上，其特征是低蛋白、高热量，钠和钾的含量有所调整。猫年轻的时候消化能力强，可以充分吸收营养。所以对身体机能没有随年龄增长而降低的猫来说，高龄版的食物反而会增添负担。

我不赞成您一直把食物摆在外面。频繁进食是猫本来的习性，因为野生的猫经常吃蜥蜴和蚱蜢。市面上的猫粮含有较多的热量，频繁进食会造成营养过剩，有过度增加体脂的风险。

光凭这一点说明，我还难以回答猫频繁进食与呕吐之间的关系。但猫是一种很容易呕吐的动物，它们胃入口处的肌肉不够发达。针对容易呕吐的猫，以前采用扩张胃部出口（幽门部位）的手术方式来治疗，最近还增加了内科治疗的方式，试着咨询熟悉的医生吧。

由于养了九只猫，我喂猫的不是高级猫粮而是相对便宜的猫粮，缺乏的营养则通过小鱼干、零食来补充。只吃干粮更利于猫健康长寿吗?

便宜的猫粮加上其他食物，反而更贵了吧?

昂贵的高级猫粮中没有大量添加各种成分，“没有添加多余的东西”才价格昂贵。关于这点，您是不是有错误的认知？正规的猫食物制造商，都测定过猫食用该猫粮后的寿命。我无法否定提供各种食物后，反而会缩短猫寿命的可能性。其中最关键的是盐分，数据已经证实少盐才能使猫延年益寿。

虽然不是猫，但有的动物当营养过剩时，就难以养殖了，比如鸵鸟。日本刚开始饲养鸵鸟时，喂的是鸡饲料，然而总是不能成功养殖。因为饲料的营养过于丰富。换成简单的饲料后，养殖才顺利起来。猫则相反，它们需要高蛋白食物。不过，脂肪和碳水化合物的均衡也很重要。不同的制造商生产的猫食物有着微妙的差异。

我收养的幼猫总是催我喂食。稍不留神，它就会偷吃干粮，结果腹泻。做绝育手术后，它会老实点儿吗?

绝育手术无法改变猫的性格和饮食习惯。

不过绝育手术会降低能量的代谢，如果维持和先前一样的饮食状态，猫可能会发胖，所以要特别注意。最近有不少专为绝育猫调整过热量的猫粮，可以从中选择合适的猫粮。还有一些重新调整过营养均衡状态的猫粮，即使吃少量，也能让猫产生饱腹感。猫食欲异常旺盛的原因有好几种，其中有营养吸收不良的情况。按照往常的方法，如果不能降低每克食物的热量，或许得更换食物。内分泌的问题也会使猫形成异常的食欲，希望您能带上您的猫去医院检查一下。

以前，听一个土耳其的熟人说："绝食是从小养成的习惯，所以不要紧。"因为他们在"斋月"中，从日出到日落期间都不能饮食。于是我尝试靠不吃晚饭来减肥，结果根本睡不着觉，肚子饿得不行。我试了好几次，虽然戒掉了一顿饭，然而体重并没有变化……也就是说，让猫从一开始养成正确的饮食习惯是件非常重要的事。

漫画
猫医生
②
"请告诉我您与铃木医生如何相遇的吧。"
相遇，相遇……
嗯——
正式相遇是什么时候来着？
嗯——
很久以前
很久很久以前
嘟嘟——
多摩川
嗯?!

喵
喵
喵
喵
喵
啪嗒啪嗒啪嗒
喵？
……
喵
喵
喵
喵

喵~~~
喵~~~
喵~~~
喵~~~
喂~~~
喂~~~
……
……
呀！
看呀看呀

他说：
"可能是因为看到了三花猫吧？"
真没办法，
我就捡了！
天底下哪有这么好的事！
没办法！
啊！
——然而
其实是我找到了主人。
当时能拉到人陪我，就是我赚了。
看穿犹豫的瞬间，这正是三花猫所具备的能力。
呵呵呵。
所以说！
天底下哪有这么好的事！

第4章 聊疾病！

猫的样子不同寻常？

主人的“知识”，

能够实现预防和早期发现。

来向猫医生咨询“疾病”吧！

我家猫的粪便里经常出现虫子。在医院开药后，驱虫了几个月，结果还是有。

可能是跳蚤传染的寄生虫？

是不是大小如米粒，样子就像晒干的瓜种子？如果是，就是犬复孔绦虫这种由跳蚤传染而来的寄生虫。市面上的治蛔虫药不起作用，但是有特效药“吡喹酮”。由于吃了药片后如果猫呕吐了，就没有效果了，所以我更推荐直接贴在皮肤上的吡喹酮，或注射型的吡喹酮。这种药确实有效，如果依然有虫子出现，可能是再次感染了。

出现在粪便中的像虫子一样的东西，实际上是装有虫卵的囊。跳蚤的幼虫会吞下虫卵，虫卵在跳蚤体内发育成虫子。而直接吃下体内有虫子的跳蚤后，才会造成感染，因此猫和人类即使吃下虫卵也不会感染。

那为什么会频繁出现虫子呢？因为猫吃下了新的跳蚤。猫在给身体理毛时，有极高的概率吃下死掉的跳蚤。万一人类吃下了体内有虫子的跳蚤，也会被感染的。人类吃到跳蚤的概率或许相当低，但小孩子可能会把掉在地上的东西吃进嘴里，所以要特别注意。您要想改变现状，只能彻底驱除室内的跳蚤！

我养的猫因为猫感冒而流鼻涕、打喷嚏，猫感冒会传染给人类吗？请告诉我有什么预防猫感冒的方法。

没有感冒叫作“猫感冒”！

我们经常听说“猫感冒”一词，但实际上没有叫这种名字的感冒！猫会出现呼吸器官问题的感染病虽不像人类的那么多，但也存在着一些。除了能靠疫苗预防的“疱疹”等，其他此类感染病都难以通过检查来诊断。人类的感冒从前也是用“流感（流行性感冒）”来概括，但最近在医院能轻松检查出得的是“流感”还是“腺病毒”引起的病症。

没听说过“猫的感冒传染给人类”，但经常有来医院的人说“人类感冒后传染给了猫”。听说有种从猫身上分离出来的病毒能够在人类的细胞中培育，但没有做过感染实验，所以并不清楚确切状况。不过，是否得感冒是由身体状况和环境来决定的，应该优先审视这些方面。当然，上述的两类疾病都有可能转为重症，可以通过疫苗来预防。人们常说感冒是百病之源，实际上，百病的症状中都有感冒症状，体质下降后，感冒的症状会拖得很长。平常就得注重健康管理。

Q 54

给猫接种疫苗时，我提出也想给它做一下血液检查，可医生说猫还小没有必要。如果没有明显的异常，就不用检查吗?

血液检查，说得轻巧，但却包含各种各样的检查项目。

很遗憾，实际上猫的血液检查没有什么进步，仍然没有用于检查癌症的肿瘤标志物检测。因为盲目地做血液检查，也只能得到粗略的结果，所以我觉得拒绝检查的医生还挺有良心的。有很多宠物医院都会把血液检查的结果印出来交给主人，可这只是满足于“记录（数值）”，而忽略了无形的“记忆（经验）”吧?

我刚成为兽医时，院内做检查的设备不如今天这般先进，但我想通过数值来补充诊断依据。那时，师傅经常说“没电的话，你就找不出疾病了吧？”“把这些检查费用到治疗费里，主人才更开心吧？”在缺少经验的时候，人会忍不住依赖数值，但多亏了师傅，我现在尽量只做最低限度的检查（需要用设备进行的检查项目）。用数字买安心也是一种观点，可单靠血液检查是无法诊断出病症的，它顶多是一项指标，千万不要弄错。

猫的痉挛和癫痫发作都有哪些原因呢？另外，请告诉我有什么和得癫痫的猫好好相处的方法。

痉挛和癫痫不是一回事。

仅因大脑问题而发作的是癫痫。而痉挛，如果肝脏有病就是肝性脑病的症状，如果心脏有问题就是缺血性发作。营养缺乏，尤其是维生素、矿物质不足等会引起痉挛，脑肿瘤和药物中毒也会导致。遗传问题和感染病（如FIP）也会造成痉挛。因此，诊察非常麻烦。然而，比起在现场细致地检查原因，大家更习惯治疗肉眼可见的发作症状。对于频繁发作的猫，只能采用药物治疗。而这又是一件麻烦事，不能用狗的药物，用其他药物时为了抑制发作而加大药物的用量，会增加猫其他器官的负担。

因此只能巧妙地应对疾病，请记住这些注意事项。声音是造成猫发病的导火索。比如像煤气灶“嗞嗞嗞”的声音、玻璃或金属的碰撞声等，高音域的声音要特别注意。另外还需要注意一闪一闪的光亮。就算把木屐顶在脑袋上也治不好癫痫的[一]，总之沉着冷静地应对吧。

[一] 在日本有迷信的人认为把木屐放在脑袋上可以治好癫痫。

17 岁的猫在进行一年一次的疫苗接种后，身体一下子出了问题，1 个月后去了天堂。养多只猫的时候，老猫也需要接种疫苗吗？它上年纪后虽然消瘦了些，但食欲倒没怎么变。

疫苗的副作用会在更短时间内发作。

身体消瘦的话，可能是有什么问题。这类情况下，人们总倾向于把导火索归结在不久前的治疗措施上，其实征兆是肯定存在的。

有很多关于给猫接种疫苗应该持续到多少岁的提问，我都一律回答：“假如有可能再活上一年，就应该接种。”饲养多只猫的风险在于“新来者可能会突然带来危险”。这时正是处于传染病威胁的高峰期。哪怕外表健康，也有可能是携带病菌的猫。以前，在批准新疫苗的实验中，接种前会先对捡到的幼猫进行病毒检查，从近一成的幼猫身上检查出了“细小病毒”㊀。猫的疫苗接种虽然没有法律上的规定，但因为有一些如细小病毒这类一旦感染就很难治愈的疾病，所以即使猫上了年纪，也希望大家能尽量为它们接种疫苗。

㊀ 可引起猫泛白细胞减少症，是猫三联疫苗所针对的病原体之一。感染后死亡率极高，能通过定期接种疫苗来有效预防。

猫似乎也会长痘痘，原因是什么呢？请告诉我预防的方法吧。

是指下颌的粉刺吗？

幼猫的头上偶尔会长出痘痘一样的东西，但成年后更多是长在下颌处。据医生兼痘痘专家，同时也在国外活动的池野宏医生说，形成痘痘的主要元凶好像是细菌和自由基。所以只要把这两样去除干净，痘痘也就会消失了。因此，本院同时用含去除自由基成分的药物和抗菌剂来治疗猫的痘痘。

猫有时会长出像“痘痘怪”一样的大型痘痘。痘痘一般指寻常痤疮（粉刺），长得很大时，则被称为脓包。听着很复杂。但有时真的会长出大到吓人一跳的痘痘。人类的话恐怕会疼得不得了，但猫倒是挺淡定的，有时因为怀疑是肿瘤（肿瘤不怎么痛），去外科摘除时，结果发现是痘痘。所幸的是，猫不会像有些人青春期时一样满脸都是痘痘。尽管没什么预防的方法，但保持清洁是铁则！

Q
58

我从事帮助残障儿童的工作。有熟人好像遇到了症状和人类的唐氏综合征一模一样的猫，我很好奇猫是不是也有发育障碍呢？您在诊察过程中，遇到过令您大吃一惊的病例吗？

猫没有唐氏综合征！

唐氏综合征是人体基因组多了一条 21 号染色体所造成的先天性疾病。而猫只有 19 对染色体，不会患上唐氏综合征。当然，应该会有染色体异常的情况，但遗憾的是，这方面的研究没什么进展。猫中有生来大脑异常、运动机能弱的个体。因为走路看起来像跳舞，所以这种病被称作“舞蹈病”，但只要能排泄和下咽，也有猫能在悉心照顾下活很久。

之所以叫发育障碍，是因为在人类社会系统中会引起问题。即使猫身上出现同样的异常，人们也只是觉得它的性格有点古怪。人类与宠物不同，相互比较也没有意义。在人类的助残机构中工作，真的是相当辛苦。但是，我不赞成比较病例，然后套用病情的做法。大家都有感情，各不相同，试图用固定的病名来概括有些不妥。希望您不要让理论脱离实际，全力地帮助身边的孩子们吧。

来我家玩的未绝育流浪猫很是黏人，我打算将来领养它，但是它身上虱子很多。虱子可以用市面上的药品等进行驱除吗？

驱除虱子最有效的是推子。

猫毛上是不是附着有很小的疙瘩？这是跳蚤的卵，无法从毛上拔下来。含有杀虫剂的猫用沐浴露对跳蚤卵也没用，必须洗很多次药浴才行。最有效的办法就是剃毛。

宠物医院用滴在体表的药物来预防跳蚤、丝虫，说明书上虽然没有写虱子，但实际上对虱子似乎也有效果。在日本，猫身上的虱子叫作猫羽虱（*Felicola subrostratus*），因为宿主特异性很强，只有猫会感染，只要给所有的猫集中用药就能轻松驱除。不过，如果蔓延到了整个地区，猫一外出就会重新被虱子缠上。虱子不同于跳蚤和蚊子，是一种不会吸血的寄生虫，只会蠕动着啃食动物的皮肤，所以不会直接引起瘙痒。但是我用显微镜观察虱子时，不知为何自己的后背和脚就会开始发痒，人类的感觉也太随便了……比起这些，我更希望您别说什么将来了，赶紧做完驱虫、绝育、接种疫苗后，把猫领养回家吧。

3 岁雄猫的右前腿大概每隔几个月就会出现一次长 2 厘米大小的秃斑。会流出液体沾到周围的毛上。看样子不痛不痒，是压力大造成的吗?

这大概是湿疹。

虽然不清楚是变应性的还是特应性的，但如果患处湿漉漉的，那么病如其名，是湿疹了。反复出现在腿上的话，可能是成年型的特应性湿疹。但假如一点都不痒，也可能是肝脏问题引起的湿疹。肝功能出现问题时会长湿疹。要准确诊断，就只能对皮肤组织做病理检查。

有一种带刀片的圆形工具可以进行皮肤取样，名称叫皮肤取样器，也叫皮肤环钻。它以前叫活组织钻取器（Biopsy punch），因为很容易和“直拳（punch）”混淆，所以才改名了？我咨询过制造厂商，但厂商也不知道名字的由来。负责人告诉我，环钻的称呼来自外科手术中给骨头钻洞的工具“环钻（Trephine）”。

回到正题，疾病的病因总是容易被归为压力大，既然如此，所有的病因都能算作压力大了。天气恶劣、饮食不均衡、上年纪全是压力。太阳从东边升起没准儿也会造成压力。不要把这当作普通的皮肤病，因为皮肤异常是身体状况变化的信号，希望您能及时带猫就诊。

我家 7 岁大的猫讨厌大医院。它身体不好时，请附近的兽医上门看了病，可使用的药没什么作用，对方劝我带它去医院。然而每次去医院，猫会又叫又闹的，身体状况反而更糟了。

只能去习惯。

可能扯远了，不过我想说说我停止上门出诊治疗的经历吧。以前，考虑到有些人没有出行工具或身体不方便，所以我会上门出诊。那时的一座寺庙里，有只纯白色的猫，深受住持的喜爱。寺庙的照明很暗，我粗心地以为白色的猫应该没什么问题。但治疗数日后它的情况也毫无改善，当我把猫带回医院，放在诊察台上时，不禁愕然。白色的猫毛竟然泛黄了！是的，它出现了黄疸症状。在白炽灯光下，我全然没有发觉。幸好住院一阵子后，猫又恢复了健康。但从这次事件以后，我也听取了前辈反对上门出诊的意见，于是诊疗原则改为一切“病患”都得带来医院治疗。

时常有猫在医院里吵闹，诊疗必须瞄准时机，否则什么也做不了。假如时间倒流，从幼猫时期开始改变猫对医院的“态度”，也许能解决这个问题，但还是希望大家能多花时间和耐心来应对这种状况。作为主人最先该做的是不要焦虑。

现在是这个样子。

但曾经也有过这种时候。

患有慢性鼻炎的猫，当流鼻涕、鼻血的症状严重时，会注射干扰素药物（Intercat[一]）和消炎剂，咳嗽时则注射干扰素药物（Intercat）和类固醇。也有人建议做手术，还有什么别的方法吗?

在没有做实际诊察的情况下，我并不想支招的……

听说临床兽医也会阅读这些内容，希望能供各位参考。1994年，我和制造商东丽公司一起收集干扰素药物（Intercat）的相关数据时，在网上搜到了一份德国的资料：干扰素在特应性疾病患者的血液中的浓度很低。Intercat的干扰素为猫干扰素，属于ω型干扰素，与人类的略有不同。我无法忘记，当我们下定决心把Intercat用在特应性疾病的猫身上后，发现真的有效，着实大吃一惊。在东丽公司的允许下，美国和欧洲也获得了Intercat的使用许可。需要注意的是，将干扰素直接用在皮肤和眼睛上是不会生效的。原则上是通过注射来摄取的。另外，治疗慢性病，需要坚持使用。

手术大概是指用药物把鼻黏膜“灼烧”一遍，似乎也有改善的例子。希望您能找那位医生详细地了解一下副作用等情况。

㊀ 日本东丽公司研发的一种以猫干扰素为活性成分的抗病毒药物。——译者注

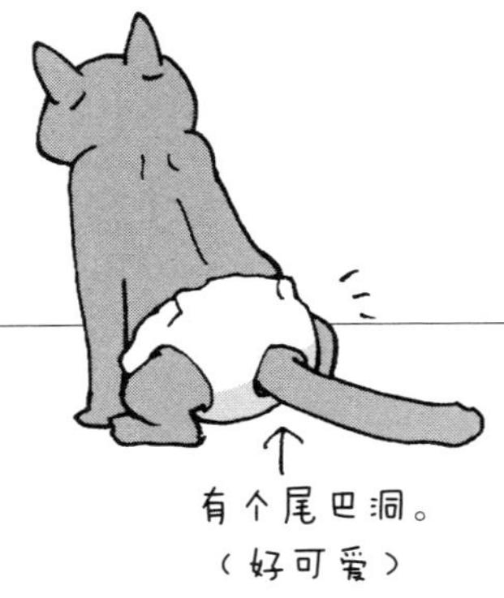

可以给因为肾功能障碍而大小便失禁的猫用尿布吗？如果它在被窝里或沙发上尿尿，我会把它关进笼子里。但我还是想尽量让它舒心点儿。

我觉得尿布挺好的。

以前出现过尿布把猫皮肤闷烂、防漏侧边把腹股沟磨伤的情况，但最近宠物用尿布有不少优质产品，而且穿着方式也发生了很大的变化。

现在我这边凑巧寄养了一只猫，它几年前因为车祸而后身麻痹，当时是个十多岁的男孩把它捡了过来。我教了他换尿布的方法，并提醒他要每天更换。由于穿法和人类的不同，有时，即使是有育儿经验的女性也换不好，年轻男性就更让我担心了。然而他做得非常好，这让我认识到不能以貌取人。如今他也长大成人，踏上了新婚之旅。所以这段时间，我欣然接受了这只猫的寄养业务。是的，没有育儿经验的我每天都在给猫换尿布。

不过一直关在笼子里也没什么不好。遇到此类情况，不少人会缩小自己的选择范围，因为觉得猫被关在狭小的空间里很可怜。但是比起脏兮兮的宽敞空间，猫更喜欢干净的狭小空间！

听说猫也会得花粉症。人类可以戴口罩，可猫要如何预防呢？

我觉得花粉症这个病名可能也不太准确。

我一到早春也会变得十分悲惨，所以很理解为这类过敏反应而烦恼的人。但有几个让我觉得奇怪的地方。首先，症状不会受天气的影响。假如原因在于花粉，那么花粉纷飞的晴天，症状理应更严重。其次，睡着时不太会出现症状。如果是真正的过敏，不管是睡觉还是玩耍，它都会照常发作的吧？我最不能理解的是，抗过敏药物对我不起作用。因此，我很怀疑花粉症这种疾病并不是对花粉过敏，也不指望口罩和风镜的防护效果。

会出现过敏反应，是因为免疫细胞的网络出现了问题。会分泌出组胺这种引起瘙痒的物质，是因为有变应原，即过敏原，刺激肥大细胞脱颗粒。因此，我认为扰乱这个网络的是嗜碱性粒细胞。具体物质的话，就是白细胞介素 -33。今后若能够解开这个谜题，应该就能对抗过敏了。专业性的内容写得太多的话，来来猫估计要过敏了吧。但读到这些内容的孩子们，说不定将来会成为免疫学家而参与研究，从而发现治疗这种花粉症的药物呢！

我家 2 岁 8 个月大的猫可能患有 FIP 或肾功能障碍，上周就住院输液了，可检查结果依然没有改善，我不知道该如何面对即将发生的事情。您和主人交谈时会注意些什么呢？

尽量诚实地告知真相。

两三岁的年轻猫咪竟身处于危在旦夕的时刻，真的很让人痛心。但也希望您能认清，这条生命也是建立在被强制结束的生命之上。需要大量动物蛋白的猫粮，是用鱼和鸡的生命换来的。此刻用于治疗的药物，也是众多动物实验结果的产物。正是因为有这些生命的付出，即使您的猫只有短短 2 年多的时间，是不是也应该向大量的生命道个谢呢？珍视这些微小的生命，譬如今后把饭菜里的肉吃干净，您的猫的生命就更有意义了。

事实上，宠物医院好像被归为服务业，最近企业性质的医院数量也变多了。其中甚至有加入了咨询业务的医院，还有了这类业务的指导书。但我认为医疗属于科学的范畴，所以一直都是开门见山地说话。作为服务业从业人员，我恐怕不及格吧。但是，也有很多兽医坚持不越过那一条线，希望大家能多支持他们。

爱猫被诊断出患有特发性膀胱炎，是由压力造成的血尿。它在前主人的身边时就已经患病，我领养它后对环境进行了改善。我不清楚还要做什么才能减少它的压力，我自己也感觉到了压力。

不要想太多。

请您理解，特发性膀胱炎是一种原因不明的疾病，因此才会被归结于压力这种暧昧不明的原因。尿液中混有血液，可能有各种原因，如果没有结石、膀胱憩室异常等问题，那么都会被当作特发性膀胱炎。

努力不给猫添压力不是件坏事，但如果给您造成了负担，那就本末倒置了。主人放松猫才没有压力，千万不要弄错了呀。不过您的文字里有一处错误，导致疾病的压力，指的是无意识下增添负担的现象。但是提问中的第三个“压力”，是指常性的精神痛苦。您没有把二者弄混吧?

您应试着放慢脚步环顾四周，进行深呼吸。猫排尿时如果看起来很痛苦，就马上带它去医院。即使尿液中有血，只要看起来不痛，就不用太慌张，再去医院跟医生商量一下吧。这种情况下，需要时间才能找到治疗方向，而治疗也得花时间。不要着急呀!

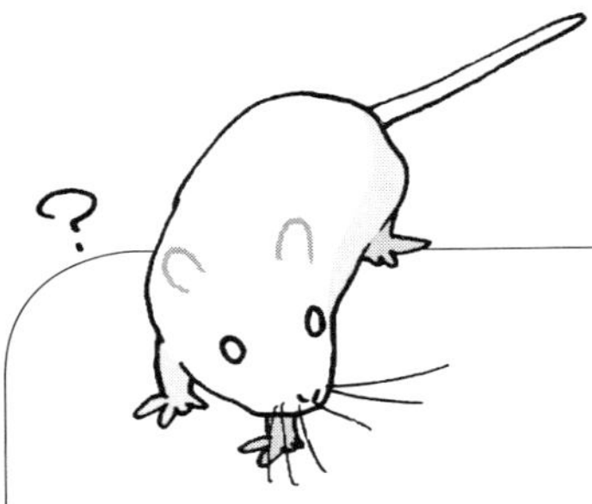

Q67 最近的小白鼠实验中，似乎发现了肾功能障碍的治疗方法。听说这样猫的寿命能延长 10 年。

且慢！

您把这一消息的基本理论弄混了。白鼠实验中改善肾功能不全的蛋白质，是针对急性肾功能不全的。猫身上常出现的肾功能不全为慢性肾病。急性肾功能障碍是可以治疗的，如果静脉注射这种蛋白质应该能有效果，但如果是慢性肾病，就无法指望其效果了。这种蛋白质附着在猫体内的与免疫相关的物质上，如果能找出顺利将其分离的方法，说不定能起到疾病预防作用。

您知道，临床现场还没有生物标志㊀能显示肾脏的损伤吗？血尿素氮（BUN）、肌酐等生化学检查，说到底只是一个标准，并无法显示出肾脏的实际损伤程度。过去，人们试图检测尿液中的自由基以确定肾脏的损伤程度。当时未能进展顺利，但现在，我们正利用新的生物标志来推进试验。据说每隔 16 年，人类的肾脏病学会便会确立新的生物标志，而关于猫的相关医学研究等尚处于现在进行时，希望大家再耐心等一等。

㊀ 指可以标记系统、器官、组织、细胞及亚细胞结构或功能的改变或可能发生的改变的生化指标。

有没有什么人类和猫之间会异种传染的危险疾病？另外，请告诉我今后有可能出现在日本的新型传染病吧。

最需要留心的是流感。

以前说猫不会感染流感的，但欧洲出现过猫被传染 H5 型流感的报告，之前也有报告说猫感染了曾经肆虐的禽流感 H5N6。猫不会传染给人，目前可能没什么问题，但室外的猫有可能吃掉感染了禽流感的鸟儿，今后或许会引发问题。

另一个需要注意的是狂犬病。猫也会感染狂犬病，在一些国家，很多猫都会接种狂犬疫苗。人类感染狂犬病毒，会得狂犬病，几乎都会发病身亡。狂犬病遍布全世界，每年都有人死于狂犬病。这两种病毒，尽管感染的可能性极低，但万一被感染便为时已晚。最近可以通过 PCR（聚合酶链反应）基因扩增的方法来检查，说不定能逐渐弄清之前尚未明确的东西。

漫画
猫医生
③
“铃木医生是位什么样的兽医呢？请讲一件能体现他诊疗风格的现场逸事吧。”
嗯……
有一只黑白色的猫，
看过不少兽医后，来到了我们医院。
连病名都查不出来。
啊——这个是FIP——
交给我吧——
指住院
检查大神

FIP？
这就是病名？
看了四个兽医，
这还是第一次听说病名。
专业术语
专业术语
无力——
来了，来了
……那个
还有救吗？
……
抱歉，我不知道。
不是您的问题，
因为这是——
专业术语
知道吗？
知道吗？
所以没办法。
消沉——
不好意思……
请优先缓解痛苦。

拜托了!!!
让阿蒙舒服一点。
剩下的就拜托您了!
鞠躬
开关打开的声音。
咔嚓!
“拜托医生了。
请让我家的猫舒服一些。”
他一听到这类话，
好像就会开启某种开关。
顺便一提，阿蒙获救后，活了六年。

我们医院的
住院费是
有上限的。
有钱就能救命，
没钱就不能
救命，
我们
无法容忍
这种区别
对待。
当时
多谢了。
这样的
热情能持续
30年，
我觉得
很自豪。
我要成为
正义的伙伴。

聊相处方式！

“担心让猫独自在家。”

“怎样养好多只猫呢？”

为了人与猫的和谐生活，

来了解更多与猫的“相处之道”吧！

第一眼看到孟加拉猫时，我就被它的花纹和那端正的容貌所吸引。但听说此猫性格暴躁，会把家里弄得乱糟糟的，我很犹豫要不要养。对初次养猫的人来说，养孟加拉猫的难度太大了吗?

养猫和新手、老手没有关系。

但我不太赞同饲养属间杂种[㊀]。现在孟加拉猫的野猫血缘越来越稀薄，和普通的家猫没太大区别了。以前，我检查过野猫和家猫的 F1[㊁]。山猫的外表看起来可爱，但相当凶暴，难以驯养。尽管我也养过据说是家猫原种的非洲野猫，外表看上去是家猫，体味却完全不同，无法在室内饲养。

似乎很多人养宠物的时候，都是看外表来决定。可猫不是时尚！除了孟加拉猫，也有很多长相端正的猫，不妨再认真思考一下毛色真的是您做选择的理由吗? 如果 15 年后这个理由还能适用的话倒还好，可希望您能知道，每年都有上万只猫因为不负责任的主人而牺牲。

㊀ 同科不同属间杂交的后代。

㊁ 第一代的杂交个体。

半年前，我最爱的猫死于癌症。它才 8 岁。我想着是不是饲养方法有问题。出于寂寞，我打算再养一只，但很担心它会不会又患上癌症。

没什么后悔的。

即使只活到 8 岁，您也帮它查出了疾病，让它在温暖的地方度过了最后的时光。无论是野鸟还是金鱼，都会得癌症。距今 200 多年前，有位叫华冈青洲的外科医生非常有名，他通过麻醉来给人做手术，但人们不知道他当时做的是现在所说的乳腺癌手术。没错，从前就有癌症，当得知自己的家人或宠物身患癌症时，会有种自己抽到下下签的感觉。摄取致癌物质似乎给人一种很不好的印象，但如此单纯的原因是无法导致患上癌症的。现实情况是，即使讲究科学，相同条件下会不会发病，也只能看“运气”。

所以就接受这种命运，继续前进吧。会担心养下一只猫，证明您并没有活用上一只猫用生命所教给您的重要知识。为了从下一只猫身上学到新的东西，不如去尝试探寻生命旅程吧？虽然机器猫不会生病，但从活猫身上获得的经验才有意义啊。祝您好运。

我家是三口之家，养了只 2 岁半的雄猫。陪它一同玩耍、睡觉的我，要住院三周，其间家人会替我照顾它，但我非常担心自己不在的时候，它会不会感到有压力。

您再淡定一些吧。

我明白您担心自己的疾病，但无论是您还是猫，家人和身边人应该都会予以帮助的。要是您不淡定点儿，猫反而会焦虑。我去国外超过一个月时，也曾担心过自家的猫，可回家后，发现猫对待我的态度就像什么事也没发生过一样，于是我松了口气。这么一点时间，猫并不会忘记您的，请放心！

医院有时也会接待因为这种原因而长期寄养猫的业务。迄今为止时间最长的案例是 6 个月。其中也有刚开始绝食、几天不张嘴的猫，但不管是什么样的猫，一周后都会习惯，样子变得“镇定自若”起来。2 岁半还小，环境保持不变的话，我想应该能马上习惯。所以就放心地交给家人吧！请专注自己的治疗，尽早回到家中。

自从养猫以后，我原本就爱焦虑的状况愈发严重了，担心外出时，自家会不会发生火灾或地震。请告诉我，有没有什么诀窍能减少过度重视猫所引发的焦虑。

您这种叫杞人忧天。

事实上，这样的主人年年都在增加。纯粹是个人主义的弊端，既然自己能决定一切，就会伴随相应的责任。是不是您所做的努力工作都扑空了，所以造成了焦虑？原本，人可以通过养猫来学习自由与责任，但是当焦虑引来了更多的焦虑时，只能说是适得其反了。

给您一些建议！第一点，不管别人怎么想，来确定自己绝不能认输，或绝不能让步的事情吧！找到了自己的中心，也许就能前进一步。第二点则相反，让他人帮自己做决定。比如外出吃饭时，不要看菜单，让朋友帮自己决定，或者点店员推荐的菜……如此就能感觉到，很多事情即使自己不去做决定，世界还是照样运转。全力以赴的事情和轻松以对的事情，在心中衡量好这二者的平衡，以此确定什么需要努力，而什么无所谓。这个方法我亲身实践过，感觉很好，所以也推荐给您！

Q 73

9 岁大的猫原本很健康，突然就像睡着了一般死掉了。猫也有猝死的吗？因为太猝不及防，我至今都仍未接受。

有时会毫无征兆地迎来死亡。

与出生几个月就被车子轧到、不为人知地死掉相比，这样的例子罕见多了……毕竟生命很复杂，也无法靠检查来预知。我的朋友也是，去世的三个月前还参加了公司的健康体检，40 岁的年轻岁数就因为癌症而与世长辞。他是柔道部的队长，夸张点儿说，感觉杀都杀不死的……

您说猝不及防，但这只是您个人尺度上的感受，现实生活中会发生各种出乎意料的事情。为了让每天都过得无怨无悔，只有全力以赴地生活。很多主人都无法接受爱猫的死亡，可现实中净是无法逆转的事情。后悔不起作用（我称之为“后悔莫及”），因此还是考虑前进比较好。不要只看到自己身边的不幸，而觉得自己真可怜。关于那只猫的回忆，在您去世之前都会一直存在于您心中，所以不要勉强自己忘记，而是要珍惜这份回忆，然后迈入下一个阶段！

我家 18 岁的猫因为各种病症而上医院，可医生说它已经是老猫了，劝我放弃，即使弄清了疾病和病因也是白费力气。作为主人，难道不应该希望猫尽可能地健康一些吗?

思考一下引起这些症状的原因吧。

我们兽医的学习是从病因论开始的。假如疾病可以治疗，能够把最终目标设为完全治愈的话，便可竭尽所能地去治疗。但如果是高龄所带来的问题，那么治疗的最终目标就是缓解症状。这位医生想要省去多余的检查，对此我深有同感。因为越是检查，发现的异常情况就越多。另外，虽说无法单凭检查结果的异常值来把握病况，可要是疾病的症状肉眼可见，那么尽可能地去处理就行了。

不过，您没有盲目地产生“可怜”的想法吧?没有到处寻找能如您所愿提供治疗的医院吧?尽管要努力去缓解猫的痛苦，但您没想着去重现猫年轻时的活力吧?做好高龄猫会迎来死亡的心理准备后，再去思考自己有什么能做的。当这只猫去世后，希望您能以平常心来迎接新的猫。

我有一只即将做绝育手术的猫，它逃跑过几次，我尝试套上绳子带它去院子里，可它还是会吵闹。我很担心它第一次去医院，要怎么办才好呢?

喜欢被带出门的猫很少。

猫被关进笼子后大叫，无法带去医院，关于这种情况的咨询有很多。而该做绝育手术的猫并没有生病，充满了活力，说不定更加麻烦。猫和狗不同，无法用项圈和绳索来控制它们的行动，反而会成为弄伤猫的原因。所以关进笼子时，最好不要给猫佩戴任何东西。考虑到开笼子的瞬间，猫有冲出去的可能，所以用大号的洗护网套住它最为安全。如果猫在只被洗护网套住的情况下吵闹，温度不高时，用浴巾从上面包住它会很有效果。夏天这样做会致使猫体温升高，因此并不推荐。但要想避免人或猫受伤，可以采用这类方法。

健康的猫，大概只会在打疫苗的时候上医院，但是腿脚懒的主人和猫，最好定期练习外出。说句题外话，虽然我家的猫没去过外面的医院，但我每年都会给猫拍一次日历用的照片，所以也为此做过外出练习。

我如愿以偿地养起了人生中的第一只猫，可是全家人都有工作，几近半天猫都独自在家。猫 5 个月大时，它误吞过玩具。有人建议我多养几只，但能顺利吗？

欢迎来到欢乐的世界！

“没有猫的生活还有什么意义”——猫医生语录。一只猫完全能够独自在家。如果担心猫在房间里不能安然度过独处时间，可以在出门前稍微收拾一下，这样应该就没问题了。吞食异物的问题，即使增加猫的数量也无法解决！

养一只猫的缺点就是为它送终的时候，与还有其他猫的时候相比，这种悲伤和寂寞强烈到无以复加。我建议与多只猫生活的理由只有这一点。

还可以养年纪差距有点大的猫。日本以前有个说法叫“人生要结两次婚”。即年轻的男人迎娶年长的女人，上了年纪后再娶一次年轻异性。这样社会循环才能无缝接轨，更便于传授经验。这种说法虽然有点不恰当，但意外地适合用在养猫上面。既有案例显示独生的幼猫和经验丰富的老猫相处融洽，也有案例显示老猫和幼猫相处时，变得更有活力了。希望您能仔细考虑一下，机会合适的时候能再想起这番话。

现在的住所离职场很远，我在考虑搬家。然而允许养宠物的公寓居民鱼龙混杂。我担心万一碰到邻里不好的公寓，始终不敢踏出第一步。

搬家肯定有风险。

即使不说能不能养宠物，搬家也没办法挑选邻居啊。日本昭和时代没有允许养宠物的公寓，“允许养宠物”的公寓也是距今约 20 年前才出现的。然而遗憾的是，一些缺乏常识的主人使得房东回避起了宠物。没有公德心的少数主人被用来代表全体主人，也是无可奈何的事。于是，“允许养宠物”的公寓数量好像又减少了。

解决方法有两个。一是努力工作，挣钱买房。公寓即便分开出售，也会禁止养宠物，索性买下整座房子吧！另一个是，让养宠物的家庭像纽约一样比较多。实际上，好像曼哈顿租公寓的条件几乎都禁止养宠物，可有些人能无视要求地养宠物，可能是因为宠物的饲养率高。在日本，养宠物的人就属于少数群体，所以主人们不得不处处让人。没错，要让养猫成为社会风气，不如呼吁建立起宠物数量超过一亿的社会！

在 2016 年 4 月的熊本地震中，我家也摇得相当厉害。如果在家中遇灾，我准备带着猫一起避难，可要是被自治体（可发挥地方政府的职能）拒绝允许进入避难所的话，要怎么办呢？另外，我很担心如果在外面遇灾，而我无法回家把猫带出来可该怎么办。

神户地震的时候也是一样。

看到人们无法进入避难所而在车辆内避难的情形时，我就想起了神户地震。神户地震的时候，也是第一次有自治体对携带宠物的行为指指点点。我有个熟人不惜从名企辞职，跑去神户救宠物，一想到为他送行竟已是 20 多年前的事，内心就感慨万千。我未能帮已故的他实现丁点儿遗志，每每想起就有一种无力感，不禁感到气馁。

每次发生地震时，我就会想起哲学课上学习的卡尔·西奥多·雅斯贝尔斯（Karl Theodor Jaspers）所说的“极限状况”，假如自己的生命面临危险，那还有心思去考虑猫吗？有人说：“我的命无所谓，只想救猫！”但我不由得怀疑：“自己如果死掉了，猫要怎么活下去呢？”没有人知道灾难何时降临，最好是未雨绸缪。如果真心为猫着想，首先就要确保自己的性命！

我是名 50 岁的女性。收养了 2 岁和 8 岁的猫。家里只有我会照顾猫，就算我不在了，丈夫也不会照顾猫。该怎么办才好呢?

国外有针对这类问题的保险。

说到日本的宠物保险，几乎都是承担治疗费的类型，主人出现意外时，宠物却没有任何保障。实际上，老年人放弃养猫的最大原因就是“万一自己出了什么事”。以前，我尝试过创建团体，可帮助宠物寻找新的主人以应对“万一”。然而猫的数量处于过剩的状态，于是我得出了极难找到新主人的结论。

因此我提个建议，不如创建一份给宠物寻找新主人的保险？我会首先参保。而且还要增加养猫的年轻人！养猫绝不算热潮，年轻人的养猫人数呈下降趋势。此外，避免增加有主人的室外猫。猫被人当作不卫生的动物，这对认真养猫的主人来说是一种麻烦。尽管这个问题有些复杂，但我热切期望不久的将来会出现这种保险。

我通过开空调来避免猫中暑，但猫会跑到热的地方以回避空调风。有什么窍门能让猫在房间里好过点儿呢？

说一点空调房里的窍门。

不少人为了节省电费，会尽量短时间地使用空调。然而最耗电费的，是刚开始降室温的时候。实际上，即使从早上开始开一整天来防止温度上升，所花的电费也没有多很多。所以我建议您一直开着空调。这样的话，空调内部也更干净。另外，据说开除湿模式很耗电，但温度过高容易长霉，到时候花的钱要远高于电费哦。还有就是，尽量使房间内的空气流动，可以把空调的风量开大一些，也可以用风扇或者循环器。避免温差非常重要。

猫从房间里跑出去，多是因为脚底温度低。只要避免房间上方和下方的温差较大，猫应该也会爬上沙发的。顺便一提，我家把空调设在 28℃，打开循环器后，地面温度为 27℃，天花板温度为 29℃，猫则待在沙发的靠背上。最关键的窍门不是用空调降温，而是避免房间升温。二者的差别可大了！

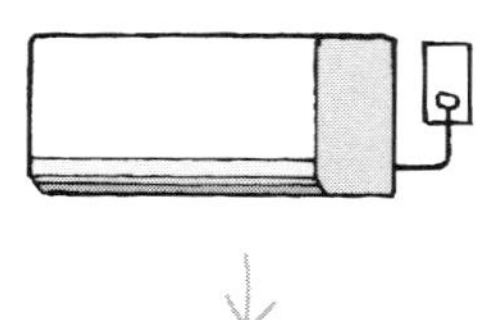

我养的一只猫，每当我儿子回家时它都会特别害怕，躲进家具里不肯出来。就算不黏人，我也希望它别害怕成那副样子。

对您来说是儿子，可对猫来说只是个外国人！

对日本人来说“外人”一词更为根深蒂固，外人存在于任何一个国家。但这个词有时充满了歧视感，这里就允许我用外国人吧。70 年代有个叫外国人（Foreigner）的乐队，我个人很喜欢专辑《4》时代的他们……

跑题了，很少有猫会极度害怕特定的人物。您回家之后，要是看到麦当娜在家肯定也会吓一跳的吧。就像江户时代的日本人看到了乘坐黑船而来的美国人一样，猫也有非常保守的。从前，人们似乎管这类猫叫“天花板猫”，即一有人来家中，就会躲进天花板不肯露面的猫。如今的房屋猫无法进入天花板，为了不影响到生活，希望您能为这只猫准备专用的避难所。

我明白您想解决这个问题的心情，但秉性难改这点您自己也是一样吧！按照我的性格，如果麦当娜来了家里，我大概会和她一起去卡拉 OK 嗨歌吧！

我家满 1 岁的雌猫是只“忠猫”。比如会一直等我回家、跟在我屁股后面走。因为还有家务和工作要做，我无法时刻顾及它，关心猫时有什么需要注意的吗?

与猫生活时，最重要的是微妙的距离感。

“忠犬”一词名副其实，因为狗的习惯就是全天候地黏在主人身边。假如狗不是“忠犬”，只能说养育方式不对。说到猫的话，尽管也有像提问者家的猫一样，乍看之下感觉是只“忠猫”，但其实是“妈控猫”。一般来说，通过人工哺乳喂养、早期离开猫妈妈的猫，很容易变成“妈控猫”。

我不是社会学家，这样的比较可能不妥当，但我实在觉得“啃老族”的形态和猫很像。还有些人会一时兴起去干喜欢的工作，不喜欢就不干了，这也非常像猫。虽然大家说“猫唤不来”，但这并不对，应该是“猫有唤得来的时候和唤不来的时候”。这样的“妈控猫”十分可爱，但仅限于猫就行了。如果自己的孩子到了 30 岁还在吃父母的，过着成天玩智能手机的生活，应该不太好吧?

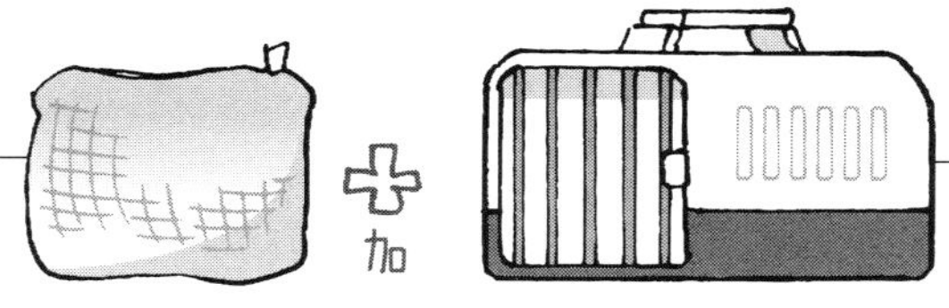

我即将从远方领养三个月大的幼猫，新干线加上电车，路程合计超过 3 小时。选择什么样的笼子才合适呢？

材质较硬的笼子更安全。

较硬的笼子对女性来说通常都很重，长时间拎着会很累。笼子越大就越辛苦，所以笼子深度在 50~60 厘米，宽度在 30 厘米以内比较合适。如果是将近 1 千克的幼猫，宽度 20 厘米左右的笼子应该挺轻巧的。最近，软布笼子好像更受欢迎，但在公共交通工具上，有被人群、门扉挤压的风险，因此材质较硬的笼子更为安全。

里面也要多铺点宠物垫。假如是容易兴奋的猫，最好先装进洗护网，再关进笼子里。猫在洗护网里待几个小时也不要紧的。不过，新的或较硬的洗护网会擦伤猫鼻子、勾到猫趾甲，所以要特别注意。另外，徒步移动时，猫能感受到震动感，希望您能准备将笼子挂在肩上的工具。

此外，要做好温度管理。即使平安抵达了，猫适应新环境要花上很长的时间，先别急着松口气，悉心做好后续管理。祝愿猫咪能平安健康地成长！

我家有兔子，但是我也想养猫。不同种类的动物养在一起会有风险吗？

原则上来说，希望您能避免。

混养的宠物中最常见的大概是猫和狗吧。听说把猫狗养在一起的话，会遭宠物白眼。把狗和猴子养在一起八成也会遭白眼吧。说到危险的原因，最近有数据表明“引发FIP的冠状病毒可能来自于狗”。另外，比如会大面积暴发的流感病毒疫病㊀，据说把猪和鸡养在一起时，会增加这类传染病发病的风险。

然后，关于一起养猫和兔子，比起疾病，有一个必须优先考虑的问题，即捕猎与被猎，吃与被吃的问题。虽然日本没有，但在欧洲，猫粮中必定会有兔肉。还有这样的趣事：在当地养兔子的日本人，给自家兔子喂了袋子上写有兔子（Rabbit）的粮食后，才发现那其实是猫粮。如果您是想在社交平台上上传猫与兔子的照片，那希望您能重新考虑。虽然有视频是关于俄罗斯老虎和山羊相处融洽的温馨画面，但最后山羊还是被老虎袭击了。

㊀ 指在世界范围流行的传染病。流感病毒一旦发生变异，就有可能像曾经的西班牙流感一样，造成大规模的影响。

我对猫过敏，但还是养了猫。和养猫之初相比，现在过敏反应减轻了不少，我怀疑我可能是免疫了，但听说过敏是无法自然痊愈的。假如这是真的，为什么我没有什么过敏症状了呢?

提出一个有点突发奇想的假说。

已经有不少人问过我这件事了，但我都用“幸好结果不错！”来转移话题。这也是因为我无法给出正确答案。有一种脱敏疗法，通过慢慢摄入造成过敏的物质来改善过敏症状，然而我觉得您这种状况不像。

那么，我的假说是：您的过敏症状之所以有所改善，是因为随着时间的流逝，您忘记了自己过敏的事情！其根据是现实中的案例：某个多重人格患者的其他人格吃同样的食物时，没有出现过敏症状，而且有这种情况的不止一个人。即使询问精神科的医生，医生也找不到原因。按照现代医学的理论，即使人格发生了变化，身体的免疫机能还是一样的。如此就与前面所说案例的实际情况不符了。因此，我得出了过敏是由大脑控制的假说。俗话说病由心生，说不定将来有一天能证明这是真的。俗话又说笨蛋不会感冒，那么时不时会感冒的我，或许真的不是笨蛋！

漫画猫医生 ④

本书中问题环节未能刊登，但是深入研究了的一句话。

——这是关于给猫梳毛方式的回答中所出现的一句话。

给猫全身梳毛时，至少需要15分钟……一开始以每天梳5分钟为目标……要是在人类的理发店里被吹上1个小时的头发，我确实会**冒虫子。**

问
把 XXX 填满吧。
要是被吹上
1 个小时的头发，
我确实会 XXX。
假如此话出
自这样的人，
就会是……
确实很高兴。
正确
被吹上 1 个小时的头发，
绝不会感到高兴。
因此，这句“冒虫子”
应该理解为负面的含义。
可猫医生是个大叔。
什么！
你没用过
“冒虫子”
吗？！
难道不是
把“恶心
得要吐虫
子了”给
搞错啦？

『冒虫子』这句话——
可以用在坐不住的时候——
心痒痒
心痒痒
心痒痒
心神不定
心神不定
心神不定
开~~~心~~~
开~~~心~~~
开~~~心~~~
呀嚯~~~
啪啪啪啪啪啪
驱虫药没起作用吗……
你不晓得？
这句话指的就是这类状态!!
『呃，这是打比方吧？！』

传说栖息在体内的虫子里，似乎也有阎王的手下。这些虫子名叫三尸虫，会于庚申之夜钻出人的身体，悄悄向阎王报告宿主的恶行，缩短宿主的寿命。

“冒虫子”中的虫子，似乎指的是“疳虫”的一种。从前，“疳虫”被认为是婴儿半夜哭闹、发脾气的原因。

就如“虫火攻心”“讨厌虫”等形容所示，日本人把不明所以的情绪和体质都归为虫子的问题。

猫的报恩（？），
或许就是在主人不
知道的时候进行的。

第6章 聊铲屎官！

恋爱，工作，

人们各有各的烦恼。

或许我也能解决您的疑问？

猫医生来讲述“人生”！

每年春天，即使睡眠充足我也会犯困。有没有什么避免白天犯困的好方法呢?

春天谁都会困。

但是千万不要羡慕猫。因为睡觉是猫的任务。而人有自己的任务，要为此全力以赴！白天只要尽力工作、学习，体内的“5-羟色胺”就会变换为“褪黑素”，夜晚应该能睡得很香。“褪黑素”是睡觉必需的脑内物质。“5-羟色胺”则是提神的物质，据说缺乏时会患上抑郁症。这种平衡一旦失衡，心理状况也会跟着出问题。如果您白天困得不行，或许是因为夜间的睡眠质量不好。所以，检查夜晚是否真的踏实入睡，也是解决的方法之一。最近有能测定睡眠质量的手环，里面安装了传感器，且价格实惠。要不要测一下呢?

睡眠有周期，在最佳时机清醒非常重要。要是用闹钟强行唤醒，白天就可能会十分疲惫。找到一天的最佳开始时间，将有助于维持清醒与睡眠的平衡，因此不要打乱这个节奏。别因为是休息日就熬夜！去寻找只有休息日才能完成的任务吧。

我玩摇滚乐队，做了个莫西干发型，父母每次见到我时，都会说："打扮得正经点儿。"非得靠外表来判断人吗？

您为什么要选择这个发型呢？

当然不能靠外表来判断人了，既然如此，您为何要如此在意外表，做这样的发型呢？我虽然没有玩过摇滚乐队，但时常错过剪头发的时机，发型就跟里奇·布莱克莫尔（Richie Blackmore）㊀一样。老实说，只要不给他人造成不快，什么样的发型和服装都没问题。不过，得在干净的范围内……

玩摇滚的人就像对社会表示不满一样，为了让自己从"普通"中脱颖而出，而选择了奇特的发型。您玩摇滚时是否也有这样的反抗心理，不愿走普通的时尚路线呢？如今这个时代，好像稍微地不走寻常路还无法摆脱"普通"的标签，必须发明出更新颖的反抗方式才行。最近的音乐听着都大同小异，遇不上我想要支持的乐队。多磨炼自己，选择一个能从内部表现自己的发型，如此既不违和，父母应该也不会指指点点了！

㊀ 70年代颇具代表性的传奇吉他手，活跃于深紫（Deep Purple）、彩虹（Rainbow）等摇滚乐队。

关于东京奥运会的话题越来越多了。您有什么东京奥运会的回忆吗?

去东京时我最想去的地方是阿比比的折返点!

甲州街道（国道 20 号）上有个东京奥运会马拉松的折返点纪念碑。1964 年的东京奥运会时，我才 4 岁，基本上没有印象，唯独阿比比（阿比比 · 比基拉，Abebe Bikila）的名字深深地烙在了记忆中。一想到阿比比光脚跑过了这里，我就莫名地感动。后来听说阿比比其实有穿彪马（PUMA）的鞋子，看来很多事情还是不要知道为好。

我脚速慢，田径比赛完全不是我的兴趣，实际上我也不擅长马拉松。名古屋将要举办奥运会的选拔赛，选手会通过本院前方的第三个红绿灯。当然，到时一般车辆会禁止通行。最近大家都随身携带手机，会直接在车上联系我，但过去，人们经常带着猫等待道路解封，在我的出诊时间结束后才脸色大变地冲进医院。最近很少有人说“重在参与”了，比起今天搞得像演艺圈一样的奥运会，我还是更喜欢当年的……

注：本问答内容发生于日文原版书出版（2017 年出版）之前。

高中二年级的儿子每天只知道玩儿，都不好好学习。您小时候有被父母念叨过学习吗？

学习谁都会，玩耍却没那么简单。

人的记忆分为“陈述记忆”和“程序记忆”。一方面，学习属于“陈述记忆”，它仅仅是处理信息，电脑也能做到。这种能力的突出与好的学习成绩有关。另一方面，从事做饭、种菜等工作，能够带给人们“美味”感动的职人（拥有精湛技艺的手工艺者），都无法把他的方法写在纸上。真正的职人是用身体记住了工作，而不是大脑。这就是“程序记忆”。

玩耍必须得自己想出新花样，而学习只需从文字中提取信息就行了。信息被云计算一元化之后，从中提取即可。我认为今后有必要锻炼计算无法完成的玩耍能力。

我从小就被父亲说：“别在家里学习。”意思是“学习都在学校里完成”。如今回想起来，我那些过得风生水起的朋友，从前都很会玩。听说，询问那些孩子已经独立的父母“最浪费的是什么”后，结果显示是“教育费”，这显然是对的吧？

*参见《猫咪咨询室：从了解喵星人开始吧！》的Q71。

我相当怯场，并非是讨厌在众人面前发言，而是紧张到连自己都讨厌。您知道有什么克服紧张的好方法吗？

怯场有什么不好吗？

不管是谁，在众人面前说话的时候都会紧张，这是一种兴奋状态。参加演奏会（不是古典的，是摇滚类的）时，那种兴奋和紧张其实是一种状态，但是很愉快吧？如果觉得讨厌，就会变成消极的兴奋，即所谓的“怯场”情绪。顺便一提，“气红了脸”也是兴奋导致面部毛细血管血流量增加，才出现了脸红的情况。

无论是“怯场”还是“生气”，都没有太大的区别，有“修行”可以控制这类感情。练就对任何事情都不为所动的“心灵”，恐怕就达到了禅师的境界吧。如果想克服，可以进行“修行”或练习，但我更想与这种紧张感为伴。

我是 28 岁的上班族，对任何事情都没什么热情。每天重复同样的事情，休息日就和猫在一起无所事事。我对现在的生活倒也没什么不满，感觉轻松又惬意。提问是因为想听听铃木医生的想法。

我也碰到了同样的障碍。

既然能断定和猫在一起无所事事很幸福，那就挺好了呀。如果能为此努力工作，不是说明现在的生活节奏正合适吗？不过人类的大脑非常神奇，得到满足后反而会焦虑。我自己也是如此……过了 40 岁，我也碰到了这样的障碍。

现在的生活真的好吗？会这样想，证明了自己是有“上进心”的。最简单的做法是，建立一个有点困难的长期目标。比如去运动的话，就是定下目标值。定下跑马拉松的时长，设定高尔夫的难度目标等，如此生活也能获得充实感，方式也很健康。不过，这时比较恼人的是“目标达成后的空虚感”吧，这可能类似于“买到想要的东西之前十分兴奋，可一旦到手就开始挑剔”的心情。这样的话，在确立下一个目标前，和猫在一起无所事事地慢慢思考也挺好的。

我老家开通了新干线，旅行变得方便了起来。虽然花的时间比乘飞机的长，但可以欣赏风景。您旅行时，更重视时间还是风景呢?

哪个都不是，而是人!

在我还能外出旅行的时候，最期待的是在旅行地与各种人的相遇。那时不像现在有旅行指南书，在当地四处打听什么好吃、哪里好玩成了旅行的乐趣。下面的故事可能九州人不太相信。有一次我在福冈迷了路，于是向附近的一位老婆婆问路。然而我完全听不懂她说的话，无奈之下只能顺着老婆婆所指的方向行走，没想到竟到了悬崖峭壁！即使是 40 年后的今天，我也能清晰地回忆起那番景色。我觉得没有相机的旅行还挺有意思的。

食物也是旅行中的重要元素，不要吃推荐给游客的，而是选择当地人的食物。我坐卧铺车去福冈市博多区的时候，特意坐上了去往长崎县佐世保市方向的“樱花号”，在餐车上品尝了长崎的特产炒脆面。比起火车，从前我似乎就更看重面食。去中国台湾的时候也是，每天的乐趣就是去小吃摊。但也有后悔的事情。当我从动物园下班回来时，“台北故宫博物院”都关门了，结果我一次都没进去过。不过这也是将来可期盼之事吧……

我前阵子网购的鞋子不合脚。您有网购失败的经历吗?

我的爱车是昭和 37 年（1962 年）制造的，所以零件都得在网上买。

由于是外行人之间的交易，有时会弄错零件而无法安装，但我是在清楚这一点的情况下搜索的，这也正是其中的乐趣。虽说是辆老车，但它不是跑车而是卡车！没有用到电子零件，坐上去感觉很温馨。

我坚决不会网购的，是嘴里吃的东西和身上穿的东西。从看不见脸的人那里买吃的，想想就觉得可怕。我现在依然在从前买东西的地方打电话订购食物。很久以前我倒是在网上买过衣服，但肩膀附近有点小，就送给了晚辈。自那以后，我基本上都是在实体店试穿。现在很多人好像会先在店铺里试穿，然后在网上搜最便宜的买。但这样后续的麻烦事好像反而更多。譬如扣子掉落的时候，可以去熟悉的店铺快速缝好，而且事先还能了解到商品的特性。这都是网上没有的最具价值的信息！另外，人与人之间所建立的联系，才是比低价更划算的东西！

我烦恼很多，花钱大手大脚的，也没有存款。我觉得这样不行，想做出改变！

烦恼多和物欲强的意思好像有点儿区别。

如果物欲是能够维持自己的生活和工作的动机，那就是“精神食粮”。我个人并不否定。存款也是像谋利一样增加利息的东西，在某些文化中也算是“恶”，所以善恶的标准很难说。

这里给您一点指南。首先设定好想要的东西的目标。这个目标或许会花掉您一年工资的一半，总之要为了它拼命地工作存钱，不可以贷款哦！然后，当这些钱摆在眼前时，再重新思考一下：当初想要买的东西自己是真的想要吗？它值得之前的辛劳付出吗？没有其他更想要的吗？如果真的需要，尽管买下来。如果改变主意，存回银行就行。不妨先从这开始吧。毕竟随着年龄的增加，自己想要的东西也会慢慢减少……

不过最重要的是拥有下一个目标！只要这个目标不是您太贪心，幸福就一定会降临在您身上！

我女友会和其他男人一起吃饭购物。在我看来，这无异于出轨了……您认为出轨的界限在哪里呢?

有人对您说过“说这么娘里娘气的话也没什么用……”吗?

但这其实是男子汉的烦恼！嫉妒一词是女字旁，容易被人以为是女性才有的感情，但嫉妒好像起源于雄性对出生孩子的疑心，怀疑这是不是自己亲生的。恐怕出轨的概念在男女之间有差别，意如其字，感情到了某个阶段就会偏离轨道。

不如看看比利·怀尔德（Billy Wilder）的《爱玛姑娘》（*IRMA la DOUCE*）吧? 雪莉·麦克雷恩（Shirley MacLaine）在其中饰演了一名妓女，影片不按常理出牌地描写了她与软饭男杰克·莱蒙（Jack Lemmon）的真爱故事……话虽如此，不到我这把年纪，应该也不懂得其中的优点。在有些文化中，勾引女性就会被当作出轨，迷你裙也严令禁止，这些界限都因文化差异而不同。所以，如果今后要一起生活，就只能配合这条界线。要是觉得她的行为很像多角恋，只能退步让界限范围更宽阔一些。

Q 96 您要是中了 7 亿日元（约 4500 万元人民币）的彩票，会用来干什么呢？我想建一栋房子，和猫悠闲地生活。

拍电影！名字叫《桃次郎》！

实际上桃太郎有个弟弟，他为了讨伐鬼岛上打败哥哥的敌人而寻找侍从。他知道狗、鸡、猴子在战斗中败下阵来，于是没有让它们加入队伍，仅让三只猫参与了战斗……剧情如上。当然，电影得是真人版的。如果是更现实点儿的梦想，那就是开一家保险公司。并不是承担猫治疗费的那种，而是当猫主人出事时，能帮助猫寻找下一任主人的保险公司[一]。

然而，我不会买彩票，所以根本无从谈起。很久以前，我父亲的熟人好像中了彩票，生活富裕了起来，可不到一年就变得一贫如洗，最后自杀了……这个事，我从小听得耳朵都起茧了。根据彩票发行方的调查数据，高额中奖者后来的生活往往比中奖前糟糕。与其花三千日元（约 200 元人民币）买十张彩票，不如用这笔钱去吃点好吃的，我这样想会不会太现实了？

而且，搬进大房子后猫身体出问题的情况也不少，要是您真的中了 7 亿日元，一定要想起这件事啊。我说过很多次，对猫而言“今日同昨日，明日同今日”才是最幸福的。

㊀ 关于保险公司的想法参见 Q79。

我 8 岁的儿子又是弄死虫子玩，又是朝鸟儿扔石头，还对死在路边的猫兴趣盎然，令我很是担心。有没有什么方法能让他拥有一颗善良的心呢?

不存在完全健康的个体。

就如不存在完美的球体一样。我不是精神科医生，无法给出专业意见，不过小孩子对任何东西都很感兴趣，还会满不在乎地干出残忍的事。所以小孩子在习得良善前所犯的错往往被当成过失，而相同情况下成人就得承担法律责任，也是出于这个原因。因此最关键的是教育。我说的不是数学、历史等知识上的教育，而是教给孩子善恶的界限。不同文化中善恶的界线也许稍有不同，但不要给他人添麻烦的道德观应该是全世界通行的。

另外的就是培养小孩子对于生命的爱心，要教好这个最为困难。在日本不允许杀猫，猪肉却会被做成炸猪排。即便是盲目反对扑杀宠物的人，也毫不在意被强制死亡、用于制作猫粮、狗粮的生命。所以等孩子到了一定年纪时，希望您能让他切实体会到生命的宝贵。心爱的猫咪是如何迎来生命的终结，这也是一份难得的经验。

Q 98 您除了猫还有喜欢的动物吗?

当然要属犀牛!

而且最喜欢白犀牛!就算问我原因,我也无法用言语说明,反正我从前就很喜欢了。我过去在中国台湾的动物园里工作过,一有时间就想去养白犀牛的地方看看。现在,自家客厅里也摆了好几个犀牛的摆件。听到爪哇岛发生地震、下暴雨的新闻时,我都不由得担心起当地的爪哇犀。亚洲的犀牛有爪哇犀、苏门答腊犀和印度犀,不知为何我对印度犀没什么感觉。

宇都宫市的兽医赤坂直彦医生㊀以喜爱长颈鹿闻名。我听说过这样一段趣话:以前在从非洲把长颈鹿运来日本时,因为长颈鹿脖子很长,所以在邮轮底部铺了稻草,并花了几十天来运输。这期间,赤坂医生日夜陪伴在长颈鹿的身边照顾它,抵达日本时胡子都长了很长。在日本进行检疫时,还被人误会"文件上只写了长颈鹿,为什么还混进了猩猩!"也就是说,照顾野生动物比照顾猫要严苛多了。真正的长颈鹿爱好者都能做到这个份上,那我顶多只算个冒牌的犀牛爱好者吧……

㊀ 对长颈鹿喜爱到了把自己的飞机涂装成长颈鹿花纹后飞去非洲的地步。

说起音乐评论家，

伊藤政则也和铃木医生长着同一类型的脸。

我在睡觉前习惯看同样的电视节目。您有什么睡前习惯吗？

我不是看电视而是听音乐，而且是硬摇滚。

最近听的是波士顿（美国的摇滚乐队）、吻（KISS，那个满脸涂白的四人组）。说来话长，我从 35 岁起耳鸣变得严重起来。耳鼻科医生警告我不久后会发展成重听，但现在耳朵还是能听见声音。最刺耳的时候是睡觉的时候，没有了生活杂音，耳鸣就挺吵了。于是，为了转移注意力我开始听 CD 入睡，可这下又不喜欢家里那个声响。结果我自己开始捣鼓音响，到了第六个音响时，才有了我能接受的声音。

我家的猫也习惯了，即使声音稍微大一点，也会和我一起睡。但猫似乎更喜欢玛丽亚·凯莉（Mariah Carey）……可能有人认为激烈的摇滚会使人兴奋，但我感觉学生时代听惯了的曲子更有催眠的效果。古典乐给人一种治愈的印象，可因为教养的问题，古典乐离我太远了。比起卡拉扬（Herbert von Karajan）我更喜欢涉谷阳一[1]。说起来，在固定的时间做固定的事情，对猫对人可能都是最轻松的生活方式了吧。电视节目的编排会发生变化，不可能永远都一样哦！

[1] 日本的音乐评论家。创建了摇滚杂志《摇摆》（*Rocking on*）。因为 70 年代的日本电台广播《音街》（*Sound Street*）而风靡一时。

关于猫肾功能障碍的最新论文出来了，可我看不懂英文。您有考虑过研究猫肾功能障碍并撰写相关的论文吗？

我一直有写，虽然为数不多。

肾功能障碍的研究依然是现在进行时，目的是开发出新的疫苗。上一种的疫苗在上市前，花了 11 年的时间开发，所以新疫苗可能是我人生的最后一个项目吧。说一点专业领域的事情，其实光靠血液检查的数值，还不足以判断肾脏的损伤程度。它检测的是肾脏未能排出体外的成分，并以此为参考，但无法查明肾脏本身的损伤情况。所以，现在我们试图检测肾脏出问题时尿液中会出现的成分，以此进行判断。它被当作人类肾脏出问题时的标志物，我们正在讨论下次是否要应用到猫身上。

我英语也不是很好，1996 年所写的关于干扰素[一]的文章被翻译成了英文，可以在美国的特许网站上阅读。非常遗憾的是，论文不是英文的就无法被评价。日本有很多领先世界的研究人员，如研究肾上腺素的高峰让吉先生、研究维生素 B1 的铃木梅太郎先生、人工饲养鱿鱼的松本元先生等。大家都在与面前的难题战斗，外人的评价无疑是次要的。

㊀ 日本的东丽股份有限公司开发出了猫干扰素药物，即 ω 型干扰素。著者得到了使用许可，可以考察它在特应性皮炎中的应用。

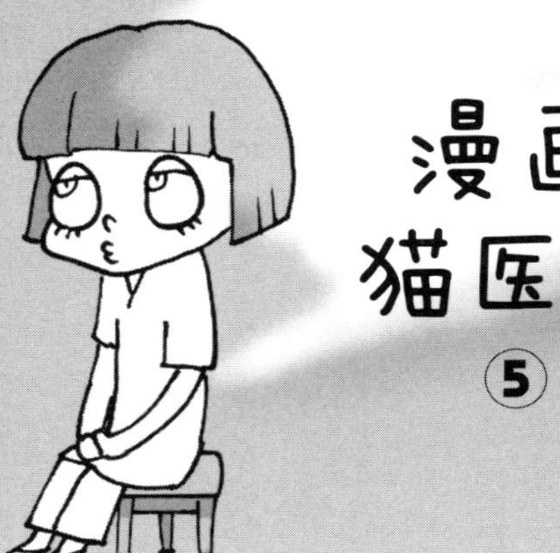

我先生从前说：

“我为了给双亲送终而辞去了东京的工作。等他们都走了，我就回东京吧。”

然而，无论是婆婆去世时，还是公公出殡时，他都会在葬礼结束后继续出诊。

婆婆先离世，
后来，公公也走了。
和婆婆去世时一样，
在公公的葬礼结束后，
他一打开医院的
门就有人问他。
“医生，您要回东京了吗？”

“医生，您要回东京了吗？”
“要离开这里了吗？”

“会一直待在名古屋的吧？”
嗯……
咯吱咯吱咯吱
他的心中大概流下了泪水。
因为猫主人们不是为了给猫治病，
是因为担心他而专程赶来的。

这时，他似乎下定决心要葬身名古屋了。
说："只要有一个'患者'想念我，
我就会留下来……"
唧唧唧唧~
唧唧唧唧唧~
脚脚痛……

戳戳
嗯？

啾！
啾！
嗯？
噫噫
医生～
有只受伤的
鸟儿来
看病了——
啾！
啾！
怎么又来了！

真是的，谁搞的鬼！
真的好多呢——
不许动，不然就吃了你！
喂——

只要，
有一个
“患者”想念，
就会
留下来。

结语 猫是种什么样的动物？

猫是外星人的产物？！

据说猫起源于北非，此前各处都是这般记载的，然而根据 DNA 的解析，发现猫其实来源于一万年前的西亚。按理说一万年前应该是石器时代……看来在美索不达米亚文明之前，如今的伊朗、土耳其一带就曾出现过文明（虽然我在学校里没有学到）。当然关于一万年前的资料也很少，可能会涉及一些神秘话题，在土耳其的哥贝克力巨石阵遗迹中似乎残留着形似猫的石像。人们把那些像当作了狮子（当时已经存在），可我觉得像猫。调查古代文明后，发现了撒迦利亚·西琴（Zecharia Sitchin）提倡的充满了科幻色彩的观点：外星生物创造论。据说人类是外星人为了开采黄金，在猿人中混入了自己的基因所改造而成。如果这是前言中所写的钱与猫的关系……

正是在大家的协助下，才有了《猫咪咨询室》系列图书。每每收到大家咨询的问题时，我都会涌起新的求知欲，所以今后还会继续努力。

猫医生

铃木真

兽医。1960 年，出生于日本爱知县。

1989 年，在名古屋市的千种区

开设了日本第一家专门的猫诊所“猫医院”。

处理医院业务的同时，

也在继续研究猫的特应性皮炎的治疗。

主要著书有《爱猫人趣话》《爱狗人趣话》（德间文库刊）等。

来来猫大和

漫画家、商业设计师。

1973 年，出生于日本爱知县。

1993 年，从名古屋造型艺术大学短期大学部毕业后，

就职于设计公司。

2006 年，开设了“来来猫大和”的博客。

主要著书有《来来猫》（1~15 部）、

《来来猫番外篇 · 回忆的故事》（角川书店刊）、

《阿仆与小不点》《殿下与老虎》（幻冬舍漫画刊）等。